高等院校艺术设计系列教材

室内设计原理

刘琳琳　廉文山　编　著

清华大学出版社
北京

内 容 简 介

室内设计原理是艺术设计的细分领域之一，也是建筑设计的有机组成部分，是科学、艺术、生活结合而成的完美整体，其目的是为满足人们生活和生产的要求而有目的地营造舒适化、理想化的内部生活空间。

"室内设计原理"是艺术设计专业应该开设的一门专业必修课程，作为一门实用性很强的应用型学科，加强实践教学环节，提高学生实践能力，显得尤为重要。全书共分为10章，从室内设计的学科背景、学习目标入手，全方位地介绍了室内设计的理论与实践问题，用理论与实际案例相结合的方法，介绍了室内设计的理论基础、室内设计的流程、室内空间中各类元素的设计与室内设计的关系、室内设计在各种空间中的应用。不仅解释了室内设计的理论基础，还将室内设计置于一个整体性的解读高度，将室内设计与其他元素的设计结合到一起，阐释现代室内设计的综合特点和设计要素。

本书内容翔实、语言简练、思路清晰、图文并茂、深入浅出、理论与实际设计相结合，通过大量的实例对室内设计进行了比较全面的介绍，本书适合作为高等院校室内设计专业及相关专业的教材，也适合从事室内设计工作的读者学习参考。

图书在版编目(CIP)数据

室内设计原理/刘琳琳，廉文山编著. —北京：清华大学出版社，2022.1（2025.1 重印）
高等院校艺术设计系列教材
ISBN 978-7-302-58861-0

I. ①室… II. ①刘… ②廉… III. ①室内装饰设计—高等学校—教材 IV. ①TU238.2

中国版本图书馆CIP数据核字(2021)第159576号

责任编辑：陈冬梅
装帧设计：刘孝琼
责任校对：周剑云
责任印制：曹婉颖
出版发行：清华大学出版社
　　　　　网　　　址：https://www.tup.com.cn, https://www.wqxuetang.com
　　　　　地　　　址：北京清华大学学研大厦A座　　　邮　　编：100084
　　　　　社 总 机：010-83470000　　　　　　　　邮　　购：010-62786544
　　　　　投稿与读者服务：010-62776969, c-service@tup.tsinghua.edu.cn
　　　　　质量反馈：010-62772015, zhiliang@tup.tsinghua.edu.cn
印 装 者：三河市龙大印装有限公司
经　　销：全国新华书店
开　　本：190mm×260mm　　　　　　印　张：19　　　　　字　数：457千字
版　　次：2022年1月第1版　　　　　印　次：2025年1月第5次印刷
印　　数：6201～7700
定　　价：58.00元

产品编号：073835-01

室内设计是建筑设计的有机组成部分，是建筑设计的延续和深化。一座好的建筑物的设计，必须包含内空间和外空间设计两大部分，也就是说建筑设计创造总体综合的时空关系，而室内设计则是创造建筑内部的具体时空关系和环境。实际上建筑设计对室内空间的构思，为室内设计创造了条件，由室内设计按需要加以调整、充实和发展。

设计的三大体系包括：视觉传达设计体系(维系人与人、人与社会的意志疏通和情报，信息交流装置设计)；产品设计体系(环境装置及生活用品设计)；空间环境设计体系(城市及地区规划设计，建筑设计，园林、广场设计，环境艺术作品设计和室内设计)。

人的一生，绝大部分时间是在室内度过的，因此，人们设计创造的室内环境，必然会直接关系到室内生活、生产活动的质量，关系到人们的健康、实用、舒适、安全等。

现代室内设计，从设计理念、设计手法到施工阶段，以至于在室内环境的使用过程中，也就是从设计、施工到使用的全过程中，都强调节省资源、节约能源、防止污染、有利于生态平衡以及可持续发展等具有时代特征的基本要求。

本书共分为10章，各章主要内容说明如下。

第1章为室内设计的概述部分，阐述了室内设计的概念与目标、特点及原则、发展与风格流派以及对室内设计师的基本要求，让读者和学生有一个学习的总体框架及学习目标。

了解室内设计的理论成为进行实践活动的基础，因此，在第2章中，笔者就室内设计相关的理论如室内设计的内容及分类、依据及要求，室内设计与人体工程学、与环境心理学之间的关系——向读者阐述，力求为实践训练打下理论基础。

本书第3章是承接第2章的内容，对室内设计的流程进行了条理化的分析，如对室内设计的流程、设计图的制作、设计方法等有明确和清晰的认识，为今后的学习与工作打下坚实的基础。

第4章主要介绍室内空间与界面的设计，主要包括室内空间的功能、分类，室内界面的原则和要求等方面的知识。在学习过程中，要注意区分空间界面的共性特点和个性要求、室内界面设计的原则和要点，以指导今后的具体设计。

第5~8章对室内空间的构成元素开始逐一分析。

第5章主要对室内设计的色彩和照明进行分析。第6章将阐述室内设计中的家具与陈设设计，阐述如何处理家具和陈设与室内设计的结合，如何使家具和特定的空间环境成为一体，更好地满足人们的使用功能并营造美的生活环境。第7章着重介绍室内设计与平面构成和立体构成的内在联系，以及两者对室内设计的指导意义。第8章将深入探讨家具布置与室内陈设的方法及原则。

第9、10章为本书的案例章，从住宅、餐饮、办公、博物馆四个方面列举了室内设计的不同之处，便于学习者掌握不同的设计方式。

本书由刘琳琳、廉文山两位老师共同编著，其中第1、2、4、5、9、10章由刘琳琳老师编写，第3、6、7、8章由廉文山老师编写。

由于编者水平有限，加上时间仓促，书中难免有一些不足之处，欢迎同行和读者批评指正。

编　者

目　录 **C**ontents

第1章
室内设计概述

学习要点及目标

* 要求掌握室内设计的含义、内容和研究方法，室内设计的发展特点及趋势。
* 了解国内外室内设计的发展与风格流派，熟悉室内设计与人体工程学、环境心理学之间的关系。
* 希望通过对本章内容的学习，对室内设计的内容、风格、基本要求等概念有一定的认识，为后续的学习打下坚实的基础。

核心概念

室内设计　室内装修　室内装饰　风格流派　室内设计师

本章导读

　　艺术设计产生于大规模的工业生产高速发展的20世纪。具有独立知识产权的各类设计成为艺术设计成果的象征。艺术设计的每个专业门类都在社会经济中对应着一个庞大的产业，如建筑室内装饰设计行业、产品设计行业、广告行业等。

　　室内设计是艺术设计的细分领域之一。室内设计是为了满足人们生活和生产的要求而有目的地营造舒适化、理想化的内部生活空间。同时，室内设计是建筑设计的有机组成部分，是科学、艺术、生活结合而成的完美整体。图1-1所示为欧式风格室内设计。

图1-1　欧式风格室内设计

室内设计在发展之初，是从建筑专业中分离出来的，从初期侧重于界面的装饰设计，继而发展到装修与陈设设计。一方面，室内设计的内容和自身规律将随着社会经济的发展而得到发展；另一方面，新材料、新技术和新的现代科技成果的不断应用，它们与声、光、电等的协调配合，也将使室内设计升华到新的境界。

1.1 室内设计的概念与目标

设计的三大体系包括：视觉传达设计体系（维系人与人、人与社会的意志疏通和情报，信息交流装置设计）；产品设计体系（环境装置及生活用品设计）；空间环境设计体系（城市及地区规划设计，建筑设计，园林、广场设计，环境艺术作品设计和室内设计）。

人的一生，绝大部分时间是在室内度过的，因此，人们设计创造的室内环境，必然会直接关系到室内生活、生产活动的质量，关系到人们的健康、实用、舒适、安全等。

现代室内设计，从设计理念、设计手法到施工阶段，以至于在室内环境的使用过程中，也就是从设计、施工到使用的全过程中，都强调节省资源、节约能源、防止污染、有利于生态平衡以及可持续发展等具有时代特征的基本要求。

1.1.1 室内设计的含义

室内设计又称"室内环境设计"，是根据建筑物的使用性质、所处环境和相应标准，运用物质技术手段和建筑美学原理，创造功能合理、舒适优美、满足人们物质和精神生活需要的室内环境。这一空间环境既具有使用价值，满足相应的功能要求，同时又反映了历史文脉、建筑风格、环境气氛等精神因素。

现代室内设计是一门复杂的综合学科，它不仅仅是简单的外形美化，还涉及建筑学、结构工程学、建筑物理学、人体工程学、材料学、心理学、社会学等诸多学科，要求运用多学科知识，综合进行多层次的空间环境设计。

在设计手法上，要利用平面结构、立体结构和空间构成，以及透视、光影、反射、错视和色彩变化等原理，一方面将空间重新划分和组合，另一方面，通过对各种空间的建构、组织、变化，增加层次感，创造满足人们物质和精神生活需要的空间格调和环境氛围。

1.1.2 室内设计的相关概念

1. 室内装饰(或室内装潢)

室内装饰原意是指"器物或商品外表"的"修饰"，是着重从外表的、视觉艺术的角度来探讨和研究问题。例如，对室内地面、墙面、顶棚等界面的处理，装饰材料的选用，色彩的搭配，家具、陈设等的设计和选用。

2. 室内装修

装修一词具有完成的含义，着重于工程技术、施工工艺和构造做法等方面，顾名思义，主要是指土建工程施工完成之后，对室内各个界面、门窗、隔断等最终的装修工程。

3．室内设计

室内设计是综合的室内环境设计，它既包括视觉环境和工程技术方面的问题，也包括声、光、热等物理环境以及氛围、意境等心理环境和文化内涵等内容。现代室内设计更为重视与环境、生态、人文等方面的关系，综合考虑空间与界面、物理因素与心理因素、内涵理念等诸多因素。室内设计更为全面，包括装饰、装潢与装修等内容。

[案例 1-1] 印度班加罗尔 Novotel 酒店的室内设计

印度班加罗尔 Novotel 酒店的室内设计 (见图 1-2) 是纳索建筑设计事务所的作品。它反映了传统印度舞、曼荼罗艺术以及 Henne 文身艺术，这体现在室内每个空间的壁画、地板、艺术装饰品等方面。大堂最显眼的当属嵌在地板上的巨大的曼荼罗，由石头和铜币制成，同时酒吧墙壁投影展映印度舞，以吸引顾客眼球。Novotel 舒适的灯光设计，优雅的环境，使客户沉醉在传统印度艺术主题中。餐厅被划分为几个区域，每个区域的设计都是独一无二的，这使餐厅变得更加有趣。最中心的是带有开放式厨房的自助区，周边以环形垂帘隔出一个个独立的小房间，使顾客能享受更加自由、私密的用餐空间！（案例源自：美国室内设计中文网）

图1-2　印度班加罗尔Novotel酒店的室内设计

1.1.3　室内设计的目标

室内设计的目标——创造满足人们物质和精神生活需求的室内环境。这个目标包含两个基本方面：其一是要保证并满足人们在室内生存的基本居住条件和物质生活条件，满足使用功能；其二是提高室内环境的精神品味，提升人们的精神生活的价值，使人在精神上得到满足。

(1) 改善室内环境的物质条件，提高物质生活水平。这主要包括实用性和经济性两个基本原则。

室内设计的实用性是室内设计的基础，必须合乎科学、合理的法则，以提供完善的生活效用，满足人们的诸多方面的生活需求；室内设计的经济性则体现在人力、物力和财力的有效利用上，室内一切物资、设备，必须精密预算，发挥财力资源的最大效益。

(2) 提升室内环境的精神品质，发挥精神生活的价值。精神品质的建构包含艺术性和个性特色两方面。

室内设计的艺术性是指形式原理、形式要素，即造型、色彩、材料等，必须在一定的美学原理的规范下，给人以感官上的愉悦、鼓舞精神的作用；室内设计的个性特色，突出表现在不同个体或群体间的不同的精神品质和格调，以有限的空间获取无限的精神感受。

因此，室内设计是生活科学与生活艺术的完美统一，必须"以人为本"，用有限的物质条件创造出无限的精神价值，实现物尽其用，这也是室内设计的最高理想和终极目标。

提示

室内设计的自然美主要是模仿自然因素的美，侧重于以自然原有的感性形式直接唤起人们的美感，使人们产生置身于美丽的自然环境中的感觉。如通过室内设计中的室内绿化（见图1-3)、室内盆景等装饰，可使人赏心悦目。

图1-3　室内绿化

室内设计的艺术美是生活与自然审美特征的综合，室内设计的创作活动作为一种精神生产活动，通过艺术形象的感性显现艺术美，是设计师创造性劳动的产物，既来源于生活，又高于客观现实。

[案例1-2]"漂流瓶"——香港海玥餐厅的室内设计（见图1-4）

设计师：陈德坚　设计机构：香港德坚设计

海玥餐厅位于香港大屿山的愉景湾。由于餐厅位于滨海区内，业主希望能为客人营造一个放松心情和雅致舒适的用餐环境。结合壮观美丽的海景，带给人们一个让心灵休憩的绿洲，以及享受一下轻松悠闲的生活方式。

设计师特别打造了大面积的玻璃窗来进入明媚的阳光，令餐厅倍感开敞明亮，宽敞舒适；客人更可兼享壮丽海景和美味佳肴，顿感开怀写意。

海玥餐厅采用开放式的布局和互动式的厨房，并以原木为材料。天花板采用一直延伸到窗户的木百叶窗做装饰，如此引人注意的设计，除了装饰空间外，还能分散直射的太阳光。同时，木百叶窗的思想也应用到空间的分区上，与天花板的设计互相辉映，让空间更加生动。

艺术感十足的柱子是 Café bord de mer 的标签，设计理念来源于传统的"漂流瓶"，那就是，人们将讯息放在瓶子里，扔到海里。设计师用写好讯息的信件用金色丝带捆绑，成为柱子的形状，夜晚它能呈现迷人的照明效果，信件的文字也会显现在柱子上。

海玥餐厅在空间材质的选用上还用许多自然材质来布置桌子和地板，餐桌表面采用天然贝壳和硬质木材覆盖。这家餐馆给人们一个从现实中逃脱的美妙机会，在这里能提供豪华的度假体验和轻松的海岸氛围。

图1-4　香港海玥餐厅的室内设计

1.2　室内设计的特点及原则

1.2.1　室内设计的特点

早在原始社会时期，人类就开始为生存而营造居室，构筑建筑物，期间也伴随着室内设计和环境的变化。到了现代，室内设计已经发展成为一门独立的学科，兼顾实用性和艺术性。

(1) 室内设计作品要充分考虑到室内环境的各个构成因素。室内设计要对色彩搭配及空间色调，材质纹理及质地，室内的声、光、电等物理因素等诸多方面进行全方位、整体的考虑。在现代室内设计中，针对上述因素也都形成了一定的标准。图1-5所示为简洁风格的室内设计。

图1-5　简洁风格的室内设计

(2) 室内设计密切关系着人们的身心。人的一生，绝大多数时间是在各种室内环境中度过的，因此室内空间的好坏，直接影响着人们的居住舒适感、心情、安全以及工作效率，这也就使人们对于室内设计的要求，更加深入和细致。室内设计师在进行设计时，必须充分考虑到人们的身心健康、居住舒适感，以更好地丰富人们的精神文化生活。

(3) 室内设计较为集中、深刻地反映了设计美学中的空间形体美、功能技术美、装饰工艺美。

(4) 室内设计过程中要充分考虑到室内设计的更新问题。如室内空间的墙纸、家电等会随着时间的变迁、社会的发展不断更新。

(5) 现代室内设计对自动化、智能化等方面有新的要求，新型的室内空间环境、设施设备、新型装饰材料和五金配饰等都具有较高的科技含量，如节能住宅、智能大楼等。科技含量的增加使现代室内设计及其产品整体的经济附加值大幅增加。

采用新型节能围护体系和综合节能技术措施，使采暖地区的住宅采暖能耗降低，达到国家规定的节能目标，并将具有良好的居住功能和环境质量的住宅称为节能住宅。

节能环保房是一个能够节省能源、提供高舒适度、没有污染的房子。它能利用各种自然能源，如太阳能、风能、地热和沼泽气体。例如，遮阳棚与太阳能电池可以转换为电能，太阳能可以照明地下室和朝北房间。自然空调技术能温暖或凉爽的特点能调整表面和地下温度。雨水收集和污水处理技术可以进行水消防、园艺和清洗汽车，从而节约大量的水。

[案例 1-3] 节能环保房屋

(1) 自由精神树屋（见图1-6）。这种挂在树上的房屋体现出设计者丰富的想象力。这个成年人树屋的主要建筑材料是就地取材，用的都是当地森林里的木材。部分树屋还可供出租，也可以顾客自己动手建造。这种会在风中飘摇的树屋非常适合进行冥想、拍摄、天穹研究、休闲旅游和野生动物观测等活动的人群。应租住者的要求，房屋内还可以安装室内管道、电器和隔音隔热设施。

(2) 鹦鹉螺房屋（见图1-7）。这座鹦鹉螺外形的房屋位于墨西哥城，于2006年建成。建筑师 Javier Sensonian 把它称作"生物建筑"。除此之外，Sensonian 还设计了其他形状如蛇或鲸鱼的建筑。这座鹦鹉螺房屋的主人是一对希望亲近自然的年轻夫妇。可以看到房子四周植物繁茂，想必能够如其所愿。房屋的正门则隐藏在马赛克图案中。

图1-6　自由精神树屋　　　　　图1-7　鹦鹉螺房屋

(3) 钢屋（见图1-8）。相信这座矗立在美国得克萨斯州悬崖边的铁屋一定会让你一眼难忘。设计者希望它看上去分不清是动物还是机器，看来这一目的是达到了。设计者还给房屋支起四条腿，以减少地面的承重力。钢结构经久耐用又可回收循环。这座钢屋的内部设计在生活实用性方面也许算不上最完美，但设计思路十分具有创造性。

(4) 外墙可以滑动的房屋（见图1-9）。这座住宅位于英格兰的萨佛克郡，由伦敦的 dRRM Architects 建筑公司设计而成。设计理念十分灵活，屋主人可以充分利用光线和温度的变化，通过被动升温和冷却的方式使能源效率最大化。20吨重的房屋外墙能在6分钟内全部移开，露出玻璃主体，简直就像剥去一层衣服一样。

(5) 谷仓改造的房屋（见图1-10）。这所位于美国犹他州 Woodland 的房子于2006年竣工，是由两座连在一起的谷仓改建而成的，面积达168平方米。房屋的地理位置得天独厚，普洛瓦河就在身边流淌。巨大的窗户和阳台让人很方便和大自然亲密接触。

(6) 使用太阳能板的石屋（见图1-11）。这里是落基山研究所的创始人 Amory Lovins 的宅邸，位于美国科罗拉多州。由于安装了被动式太阳能、4.8米厚的墙、带有氩气的窗户和木火炉，整座房子每月的电费只花5美元。房顶上安了很多太阳能板，院子里还有一个种植热带水果的被动式温室大棚。这座 1982 年建成的房屋在建成之初就在节能方面处处领先。

图1-8 钢屋

图1-9 外墙可以滑动的房屋

图1-10 谷仓改造的房屋

图1-11 使用太阳能板的石屋

(7) 222 房屋 (见图 1-12)。这座 1994 年完工的房子仿佛在威尔士西南海岸留下了一个若隐若现的脚印。它被镶嵌在荒草和荆豆丛中，屋顶和四周都被植物覆盖。卫生间和厨房都是预制的小块建筑，后被吊到这里来的。地下的自然保温作用使房子十分节能。

图1-12 222房屋

(8) 泡泡梦城堡 (见图 1-13)。位于法国南部夏纳附近的太空时代泡泡梦城堡始建于 1975 年。这座建筑模仿了电影《星际旅行》中的场景，但是光线更为充足，因为在设计之初就考虑到要使窗户充分吸收地中海的阳光。设计者的理念也是将房屋与周围环境相融合，将户外元素带进室内。城堡有一个户外礼堂、一个巨型花园和一个能坐350人的接待大厅。10个房间也由不同的艺术家进行装饰。

图1-13　泡泡梦城堡

[案例 1-4] 国外节能建筑案例

(1) 英国建筑研究院办公楼 (BRE)。

建筑正面安设有智能型太阳能集成系统，外置百叶窗，使用者可自己调节百叶，管理系统完全自动控制 (见图 1-14)。此系统可最大限度地减少眩光和夏季太阳热量，同时不限制日光进入室内，还能见到室外景色。太阳能集成系统还为建筑的冬季采暖提供热源，大大降低了采暖能耗。

在建筑背面，设计有太阳能风道，室内设计有通风吊顶，太阳的热量温暖了风道里的空气，使热空气由于"烟囱效应"而上升，带动建筑物内部产生自然通风。风

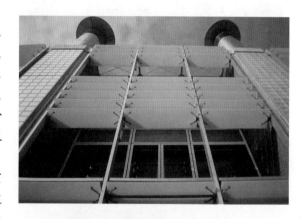

图1-14　英国建筑研究院办公楼

量的大小，可以根据窗口及吊顶通风道开启的大小来掌握，窗口及通风道的开启均由使用者用遥控器控制。太阳能光伏电池板和太阳能集热板产生的能源，也直接为室内照明服务。

此建筑的供热及制冷系统、恒温控制均安置在地板下面，除太阳能集热装置外，还有地源热泵为室内以及大型会议中心提供采暖及制冷需求，当然，地下水还有回灌功能。

(2) 英国智能绿色住宅示范建筑。

英国建筑研究院内的一座智能绿色示范住宅，突出的一点是房屋南面的太阳房 (见图 1-15)。太阳房利用坡屋面，将建筑的整个南面包容在内，其立面设计有外门供人出入。屋面部分有太阳能光伏采集装置，为室内采暖和采光提供能源；中间部分为室内采光提供照明，又可以在伦敦多雨的季节提供"室外"活动空间，这里还种植了多种花木，除四季观赏外，

还能起到湿度调节的作用。

太阳房在冬季为居住其间的人们提供"户外"活动的同时，还有保温作用，等于建筑物又多了一层外保温；在夏季，还可避免太阳直晒，在太阳房上设置的智能型遮阳帘，可根据阳光的强弱自动调节遮阳幅度，节省采暖及制冷能耗。

(3) 世界最大的太阳能居住型社区——荷兰阿姆斯福特太阳能村 (见图 1-16)。

以建筑节能为中心的、装机容量名列世界前茅的太阳能发电居住区，是当今荷兰住宅建设的示范项目。太阳能利用是该项目的重点，辅以配套的建筑节能技术，达到节约能源和社区可持续发展的目标。太阳能村共有 6000 幢住宅，10 余万人，太阳能光伏发电能力达 1.3 兆瓦 (MW)。

图1-15　英国智能绿色住宅示范建筑

图1-16　荷兰阿姆斯福特太阳能村

(4) 英国蜂兰生态房 (见图 1-17)。

这座房屋占地 550 英亩，沿湖而建，是一座生态环保的住房。建造房屋所用的材料来自废弃的沙砾，利用地热加热和冷却，并循环利用雨水，利用太阳能和风能发电解决整座房屋的日常需求。

图1-17　英国蜂兰生态房

❋ 1.2.2　室内设计的原则

作为一个理想的室内设计需要遵循以下几个原则。

(1) 室内设计要满足现代化与人性化要求。

科技的发展使室内设计师在室内设计过程中要采用一切可应用的现代科技手段，把艺术和技术融合在一起，实现室内设计现代化与人性化二者的协调统一。这就要求室内设计者必须具备必要的结构类型知识，熟悉和掌握结构体系的性能、特点。现代室内设计，置身于现代科学技术的范畴之中，要使室内设计更好地满足精神功能的要求，就必须最大限度地利用现代科学技术的最新成果。

(2) 室内装饰设计要符合地区特点与民族化要求。

由于人们所处的地区、地理气候条件的差异，各民族生活习惯与文化传统的不一样，在建筑风格上确实存在着很大的差别。我国是多民族的国家，各个民族的地区特点、民族性格、风俗习惯以及文化素养等因素的差异，使室内装饰设计也有所不同。设计中要有各自不同的风格和特点。图1-18所示为中式客厅设计。图1-19所示为伊斯兰风格室内设计。

图1-18　中式客厅设计

图1-19　伊斯兰风格室内设计

(3) 室内设计要满足使用功能要求。

室内设计是以创造良好的室内空间环境为宗旨，把满足人们在室内进行生产、生活、工作、休息的要求置于首位，所以在室内设计时要充分考虑使用功能要求，使室内环境合理化、舒适化、科学化；要考虑人们的活动规律，处理好空间关系、空间尺寸、空间比例；合理配置陈设与家具，妥善解决室内通风、采光与照明，注意室内色调的总体效果。

(4) 室内装饰设计要满足精神功能要求。

室内设计在考虑使用功能要求的同时，还必须考虑精神功能的要求。室内设计的精神就是要影响人们的情感，乃至影响人们的意志和行动，所以要研究人们的认识特征和规律；研究人的情感与意志；研究人和环境的相互作用。设计者要运用各种理论和手段去冲击影响人的情感，使其升华达到预期的设计效果。室内环境如能突出表明某种构思和意境，那么，它将会产生强烈的艺术感染力，更好地发挥其在精神功能方面的作用。

(1) 功能性原则：包括满足与保证使用的要求，保护主体结构不受损害和对建筑的立面、室内空间等进行装饰这三个方面。

(2) 安全性原则：无论是墙面、地面或顶棚，其构造都要求具有一定的强度和刚度，符合计算要求，特别是各部分之间的连接节点，更要安全可靠。

(3) 可行性原则：之所以进行设计，是要通过施工把设计变成现实，因此，室内设计一定要具有可行性，力求施工方便，易于操作。

(4) 经济性原则：要根据建筑的实际性质不同和用途确定设计标准，不要盲目提高标准，单纯追求艺术效果，造成资金浪费，也不要片面降低标准而影响效果，重要的是在同样造价下，通过巧妙地构造设计达到良好的实用与艺术效果。

1.3 室内设计的发展与风格流派

1.3.1 室内设计的历史

从原始时期开始，人类就为自己的生存空间构筑建筑物，距今已有五千多年的历史，期间一直伴随着室内装饰和环境的变化。

1. 中国室内设计的发展

中国最早、最原始的建筑形式是陕西西安半坡村遗址的方形房屋（见图1-20），那时候人们已经开始注意对内部空间的合理布局，并且试图依据使用功能划分出不同的空间，一侧用来休息，一侧用来睡眠，圆形的火塘靠近入口。因此，当时的室内布局上充分体现了空间环境的功能性。

新石器时代的原始艺术，如绘画、陶器、雕刻、手工艺等日趋发展，这也反映在建筑的内部空间中。人类从建筑初始阶段，就开始注意到室内的使用要求和对形式美的朴素追求。

我国的各类民居，因地制宜，因材施用，具有不同的人文、地理特征，丰富多样而又形式纯朴自然，传统的木构架建筑常通过室内的门罩、格扇、博古架等构成多种空间。运用雕梁画栋、建筑彩画、斗拱辅以天花藻井加以美化，同时巧妙地运用家具陈设、古玩、字画等布置手段，创造出一种含蓄而高雅的室内空间意境和气氛，反映了中国传统文化和生活修养的内在特征。

[案例1-5] 新石器时期居住建筑：半穴居——深约1米浅坑

在地面掘出深约1米的方形或圆形浅坑，坑内一般用二至四根立柱承托屋架，其结合用绑扎法。屋顶覆以树枝及茅草（有的表面再涂泥），下部直达地面。入口为附有门槛之斜坡门道，门道上建两坡屋顶，实例见河南陕县庙底沟遗址。一般于室内中央稍前置火塘，建筑面积在10平方米左右。实例最早见于河南新郑裴李岗文化及西安半坡仰韶文化晚期。

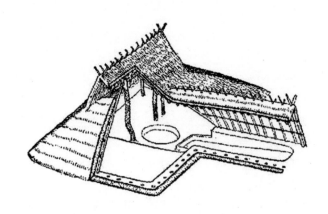

图1-20　半坡村原始社会大方型房屋复原图

2．西方室内设计的发展

在西方，以古希腊、古罗马为代表的古典四柱式(塔斯干、陶立克、爱奥尼克、科林斯)以及家具、柱冠、花饰等构成室内环境空间的情趣。

公元15世纪初期，出现希腊、罗马文化的复兴运动，提倡人文主义，建筑、雕塑、绘画等艺术取得了辉煌的成就。

17世纪，艺术界出现了"巴洛克"风格，它的形成以浪漫主义精神为基础，在构思上采用古典主义的端庄、高雅、华丽的装饰，色彩鲜丽，追求一种繁复夸饰、富丽堂皇、气势宏大、富于动感的艺术境界。表现在室内设计中更明确为动感和感性浪漫，在家居设计中，现代设计师们吸取了17世纪宏伟、古典、雍容典雅的巴洛克艺术精髓，将浪漫主义色彩、运动感和空间层次感发挥到极致，使整个室内空间流露出浓厚的浪漫主义色彩和巴洛克艺术气息。

巴洛克风格的主要特色是强调动感、变化和力度，突出夸张、浪漫、激情、幻想的特点，打破均衡，强调层次和深度，使用各色大理石、宝石、青铜、金等，装饰华丽、壮观，突破了文艺复兴古典主义的一些程式、原则。

巴洛克风格的表现形式如下。

(1) 墙面：在室内将绘画、雕塑、工艺集中于装饰和陈设艺术上，多采用大理石、雕刻墙板以及华贵的地毯、壁毯、织物等，饰以华丽织物、精美油画，显示出华丽的特点。

(2) 天花板：采用精致的顶面装饰，布满雕刻。

(3) 地面：采用大理石和华贵的地毯。

(4) 家具：多选用胡桃木、花梨木等硬木，采用大面积的雕刻，花样繁多的装饰，描金涂漆，采用优美的弯腿，靠背椅均用涡纹雕饰，在坐卧家具上大量应用面料包覆或豪华锦缎等织物。

(5) 造型：大量使用曲面、圆形、椭圆形、圆瓣形等。

表现手法：在室内，将绘画、雕刻、工艺集中于装饰和陈设艺术上，墙面装饰多以展示精美的壁毯为主，配以大型镜面和大理石，用线脚重叠的贵重木材镶边板装饰墙面等。色彩华丽且用金色予以协调。以直线与曲线协调处理的家具和各种装饰工艺手段的使用，营造出室内庄重、豪华的氛围。

[案例1-6] 极为奢华的巴洛克风格室内设计

传统的欧式风格更注重稳重、高贵、和谐，而巴洛克风格的流行则颠覆了这一传统，巴洛克风格用在室内设计中更明确为动感和感性浪漫。在家居设计中，设计师们汲取了17世纪欧洲宏伟、古典、雍容典雅的巴洛克艺术精髓，将浪漫主义色彩、运动感和空间层次感发挥到了极致，强调线性流动变化的造型特点，具有过多的装饰和华美厚重的效果。这就让每一款地板都流露出浓郁的浪漫主义色彩和巴洛克艺术气息。图1-21至图1-26所示为几种巴洛克风格的室内设计。

图1-21　富丽堂皇的法式宫廷风格卧室

图1-22　华丽的巴洛克风格餐厅设计

图1-23　尊贵与奢华的巴洛克风格卧室(1)

图1-24　尊贵与奢华的巴洛克风格卧室(2)

图1-25　巴洛克风格在现代室内设计中的运用(1)

图1-26　巴洛克风格在现代室内设计中的运用(2)

巴洛克艺术

巴洛克艺术是指 16 世纪后期逐渐在欧洲流行起来的一种艺术形式，巴洛克艺术代表了整个艺术领域，包括绘画、音乐、建筑、装饰艺术等。

在欧洲文化史中，"巴洛克"惯指的时间是 17 世纪以及 18 世纪上半叶（约 1600—1750 年，但年份并不是绝对的）的艺术风格，特别是建筑与音乐。这一时期，上接文艺复兴（1452—1600 年），下接古典、浪漫时期。

"巴洛克"（Baroque）一词源自西班牙语及葡萄牙语的"有瑕疵的珍珠"（barroco）。有"俗丽凌乱"的贬义之意。欧洲人最初用这个词指征"离经叛道""不合常规""矫揉造作"，它原是 18 世纪崇尚古典艺术的人们对 17 世纪风格的一种贬义之词，而如今，它已失去了原有的贬义，指 17 世纪盛行于欧洲的一种艺术风格。

18 世纪开始，室内装饰趋向灵巧亲切，多曲线造型，雕刻精致，色调淡雅柔和，装饰华丽。

1919 年格罗皮乌斯在德国创建了"包豪斯设计学院"，推出了与工业社会相适应的设计新观念。在教学理念中，主张理性，强调形式追随功能，并积极推动新工艺和新材料的运用，室内设计也随之得到人们新的理解和重视。

20 世纪 50 年代末，兴起了保护和修复古旧建筑的浪潮，这种对传统装饰风格的浓厚兴趣导致了室内设计对特色和丰富细节的追求，表现了我们今天更需要缤纷斑斓和错综复杂的视觉效果。

1.3.2 室内设计的发展趋势

近年来，室内设计作为独立的专业得到了快速的发展，主要是三个方面的原因。一是建筑功能日益复杂化。人们对于室内环境的功能质量要求更高，室内设计必须适应多样化的新要求。二是科学技术的发展，新材料、新技术的不断开发，为室内设计的发展从物质上和技术上提供了条件。三是现代人们的生活观念、精神需求的提升，对室内空间环境的物质和精神功能有了更高的要求，从而促使室内设计要不断满足人们日益增长的各种需求。这些因素都大大加快了室内设计的发展速度。

随着社会的发展和时代的推移，现代室内设计具有以下所列的发展趋势。

(1) 科技与智能型设计。随着社会经济、科学技术的发展，室内现代化智能型的信息设备应用会更加便利与频繁。室内设计师虽然不需要去掌握与科技有关的艰深理论，但必须对它的发展有基本的概念，并能将它应用在室内设计中，以产生丰富的创作灵感和实效方案。智能化办公室、智能住宅、智能化的娱乐环境等，这些是未来室内环境前进的一个大方向。

(2) 可持续发展和生态学理念。生态、环境和可持续发展已成为 21 世纪室内设计师面临的最迫切的研究课题。保护人类赖以生存的环境，维持生态系统的平衡，减少对地球资源与能源的高消耗，是现代设计师们的责任。生态学的观念在未来的设计中将占据越来越重要的位置，并将逐渐发展成为室内设计的主流。

室内环境生态设计理念主要体现为三方面内容：提倡适度消费；注重生态美学；倡导节约和循环利用。

(3) 追求精致简洁的设计。对简洁精致的追求在于对设计思想高度精练，使设计简化到它的本质，强调它的内在魅力，追求一种形式上的简洁化和现代化，以与快节奏的现代生活和社会进步发展相适应。

(4) 强调文化内涵。强调设计中的文化内涵是未来室内设计的一大趋势。科技、社会经济的发展，促使人们对文化具有更为迫切的需求。因此，设计师应努力挖掘不同民族、不同地域、不同时期的历史文化遗产，用现代设计理念进行新的诠释和传承，使室内设计富有文化的内涵，在风格、样式、品味上提升一个新的层次，并促进新的设计风格的形成。

作为现代室内设计师，应该具有敏锐的观察、思索和预测设计发展的能力。设计师应当肩负起推动社会向更加文明、更加进步的方向发展的重任。我们有必要对现代室内设计发展趋势作前瞻性的思考。

1.3.3　室内设计的风格与流派

室内设计的风格和流派，属室内环境中的艺术造型和精神功能范畴。室内设计的风格和流派往往与建筑和家具的风格、流派紧密结合；或者与相应时期的绘画、造型艺术，甚至文学、音乐等的风格和流派紧密结合；或者也以相应时期的绘画、造型艺术，甚至文学、音乐等的风格和流派为其渊源并相互影响。

室内设计风格的形成，是不同的时代思潮和地区特点，通过创作构思和表现，逐渐发展成为具有代表性的室内设计形式。一种典型风格的形式，通常是和当地的人文因素和自然条件密切相关，又需有创作中的构思和造型的特点。需要着重指出的是，一种风格或流派一旦形成，它又能积极或消极地转而影响文化、艺术，以及诸多的社会因素，并不仅仅局限于作为一种形式表现和视觉上的感受。

20世纪二三十年代苏联建筑理论家M.金兹伯格曾说过，"风格"这个词充满了模糊性……我们经常把区分艺术的最精微细致的差别的那些特征称作风格，有时候我们又把整整一个大时代或者几个世纪的特点称作风格。

当今对室内设计风格和流派的分类，还正在进一步研究和探讨。本章对于室内设计的风格与流派的名称及分类，也不作为定论，仅是作为阅读和学习时的借鉴和参考，并有可能对我们的设计分析和创作有所启迪。

1. 室内设计的风格

室内设计的风格主要可分为：新古典设计风格、现代简约设计风格、后现代风格、自然风格以及混合型风格等。

1) 新古典设计风格

新古典设计风格的室内设计，是在室内布置、线形、色调以及家具、陈设的造型等方面，吸取古典室内设计装饰的"形、神"的特征，以复兴传统的艺术形式为宗旨，特别是古希腊、古罗马文明鼎盛时期的艺术风格，风格上庄重、典雅、华贵，但又并不照搬古典的艺术形式。例如西方传统风格中的伊斯兰风格（见图1-27)、哥特式、巴洛克、洛可可、古典主义（见图1-28)等。传统风格常给人们以历史延续和地域文脉的感受，它使室内环境突出了民族文化渊源的形象特征。

图1-27　传统的伊斯兰风格的室内设计

图1-28　古典主义风格的室内设计

2) 现代简约设计风格

现代简约设计风格起源于 1919 年成立的包豪斯学派，强调突破旧传统，创造新建筑，主张富有新意的简约装饰，重视室内空间的功能和组织，注意发挥结构构成本身的形式美。其装饰特点是：造型简洁，线条采用曲线和非对称构成形式，崇尚合理的构成工艺，讲究材料自身的质地和色彩的搭配效果，发展了非传统的以功能布局为依据的不对称的构图手法。图 1-29 所示为现代简约风格的室内设计。

图1-29　现代简约风格的室内设计

　　包豪斯学派的创始人格罗皮乌斯对现代建筑的观点是非常鲜明的，他认为"美的观念随着思想和技术的进步而改变"。"建筑没有终极，只有不断的变革"。"在建筑表现中不能抹杀现代建筑技术，建筑表现要应用前所未有的形象"。当时杰出的代表人物还有柯布西耶和密斯·凡德罗等。现时，广义的现代风格也可泛指造型简洁新颖、具有当今时代感的建筑形象和室内环境。

　　3) 后现代风格

　　后现代风格是对现代风格中纯理性主义倾向的批判，后现代风格强调建筑及室内装潢应具有历史的延续性，但又不拘泥于传统的逻辑思维方式，探索创新造型手法，讲究人情味，常在室内设置夸张、变形的柱式和断裂的拱券，或把古典构件的抽象形式以新的手法组合在一起，即采用非传统的混合、叠加、错位、裂变等手法和象征、隐喻等手段，以期创造一种融感性与理性、集传统与现代、糅大众与行家于一体的建筑形象与室内环境。图 1-30 所示为后现代风格的室内设计。

图1-30　后现代风格的室内设计

"后现代主义"一词最早出现在西班牙作家德·奥尼斯 1934 年的《西班牙与西班牙语类诗选》一书中,用来描述现代主义内部发生的逆动,特别有一种现代主义纯理性的逆反心理,即为后现代风格。

4) 自然风格

自然风格倡导"回归自然",美学上推崇自然、结合自然,才能在当今高科技、高节奏的社会生活中,使人们能取得生理和心理的平衡,因此室内多用木料、织物、石材等天然材料,显示材料的纹理,清新淡雅。此外,由于其宗旨和手法的类同,也可把田园风格归入自然风格一类。田园风格在室内环境中力求表现悠闲、舒畅、自然的田园生活情趣,也常运用天然木、石、藤、竹等材质质朴的纹理。运用自然风格或田园风格来设置室内绿化,可创造自然、简朴、高雅的氛围。图 1-31 所示为自然风格的室内设计。

图1-31 自然风格的室内设计

5) 混合型风格

近年来,建筑设计和室内设计在总体上呈现多元化、兼容并蓄的状况。室内布置中也有既趋于现代实用,又吸取传统的特征,在装潢与陈设中融古今中西于一体,例如传统的屏风、摆设和茶几,配以现代风格的墙面及门窗装修、新型的沙发;欧式古典的琉璃灯具和壁面装饰,配以东方传统的家具和埃及的陈设、小品等。混合型风格虽然在设计中不拘一格,运用多种体例,但设计中仍然是匠心独具,深入推敲形体、色彩、材质等方面的总体构图和视觉效果(见

图1-32、图1-33)。

图1-32 洛可可风格和现代风格混合型设计风格 (1)

图1-33 洛可可风格和现代风格混合型设计风格 (2)

2. 室内设计的流派

流派，这里是指室内设计的艺术派别。现代室内设计从所表现的艺术特点分析，也有多种流派，主要有：高技派、光亮派、白色派、新洛可可派、超现实派、解构主义派以及装饰艺术派等。

1) 高技派或称重技派

高技派或称重技派，突出当代工业技术成就，并在建筑形体和室内环境设计中加以炫耀，崇尚"机械美"，在室内暴露梁板、网架等结构构件以及风管、线缆等各种设备和管道，强调工艺技术与时代感。高技派典型的实例为法国巴黎蓬皮杜国家艺术与文化中心（见图1-34至图1-37）。

[案例 1-7] 法国巴黎蓬皮杜国家艺术与文化中心

乔治·蓬皮杜国家艺术文化中心 (Centre National d'art et de Culture Georges-Pompidou) 坐落在巴黎拉丁区北侧、塞纳河右岸的博堡大街，当地人也常简称为"博堡"。文化中心的外部钢架林立、管道纵横，并且根据不同功能分别漆上红、黄、蓝、绿、白等颜色。因这座现代化的建筑外观极像一座工厂，故又有"炼油厂"和"文化工厂"之称。

图1-34　法国巴黎蓬皮杜国家艺术文化中心(1)

蓬皮杜中心的设计者是 49 个国家的 681 个方案中的获胜者——意大利的伦佐·皮亚诺(Renzo Piano) 和英国的理查德·罗杰斯 (Richard George Rogers)。这座设计新颖、造型特异的现代化建筑坐落于法国首都巴黎 Beaubourg 区的现代艺术博物馆。它是已故总统蓬皮杜于1969 年决定兴建的，1972 年正式动工，1977 年建成，同年 2 月开馆。整座建筑占地 7500 平方米，建筑面积共 10 万平方米，地上 6 层。整座建筑共分为工业创造中心、大众知识图书馆、现代艺术馆以及音乐音响谐调与研究中心四大部分。

图1-35　法国巴黎蓬皮杜国家艺术文化中心(2)

这种建筑风格被称为"高技派"(High-tech) 风格。这些外露复杂的管线，其颜色是有规则的。空调管路是蓝色、水管是绿色、电力管路是黄色，而自动扶梯是红色。尽管有这些极端的争议，开馆二十多年来，蓬皮杜国家文化艺术中心已吸引超过一亿五千万人次入馆参观。

图1-36　法国巴黎蓬皮杜国家艺术文化中心(3)

图1-37　法国巴黎蓬皮杜国家艺术文化中心(4)

2) 光亮派

光亮派也称银色派，室内设计中夸耀新型材料及现代加工工艺的精密细致及光亮效果，往往在室内大量采用镜面及平曲面玻璃、不锈钢、磨光的花岗石和大理石等作为装饰面材，在室内环境的照明方面，常使用折射、反射等各类新型光源和灯具，在金属和镜面材料的烘托下，形成光彩照人、绚丽夺目的室内环境 (见图 1-38、图 1-39)。

图1-38　家居设计中的镜面运用

图1-39　KTV设计中的金属、镜面运用

3) 白色派

白色派的室内朴实无华，室内各界面以至家具等常以白色为基调，简洁明确。从某种意义上讲，白色派室内环境只是一种活动场所的"背景"，从而在装饰造型和用色上不作过多渲染。

[案例 1-8] 迈耶：史密斯住宅——白色派风格

理查德·迈耶 (Richard Meier) 是美国建筑师，现代建筑中白色派的重要代表。白色派的建筑作品以白色为主，具有一种超凡脱俗的气派和明显的非天然效果，被称为美国当代建筑中的"阳春白雪"。他的设计思想和理论原则深受风格派和柯布西耶的影响，对纯净的建筑空间、体量和阳光下的立体主义构图、光影变化十分偏爱，故被称为早期现代主义建筑的复兴主义。

　　白色派建筑的主要特点如下。①建筑形式纯净，局部处理干净利落、整体条理清楚。②在规整的结构体系中，通过蒙太奇的虚实凹凸安排，以活泼、跳跃、耐人寻味的姿态突出了空间的多变，赋予建筑以明显的雕塑风味。③基地选择强调人工与天然的对比，一般不顺从地段，而是在建筑与环境强烈对比，互相补充、相得益彰之中寻求新的协调。④注重功能分区，特别强调公共空间 (Public Spaces) 与私密空间 (Private Spaces) 的严格区分。迈耶设计的史密斯住宅 (Smith House, 1965—1967 年) 是白色派作品中较有代表性的一个 (见图 1-40)。

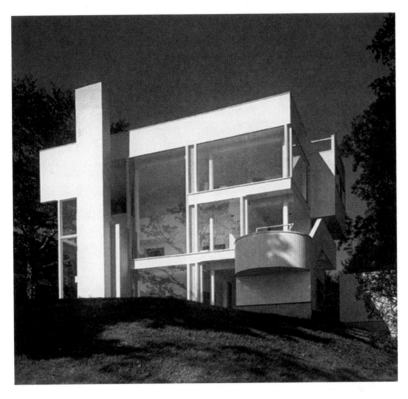

图1-40　史密斯住宅

　　迈耶设计的史密斯住宅，这种强健的设计呈立方体状，似在召唤一种超现实主义的高科技仙境，其中包含着纯洁、宁静的简单结构。建筑的视觉感相当强大，也暗指所包括的空间。迈耶注重立体主义构图和光影的变化，强调面的穿插，讲究纯净的建筑空间和体量。在对比例和尺度的理解上，他扩大了尺度和等级的空间特征。图 1-41 所示为史密斯住宅的模型。

　　迈耶着手的是简单的结构，这种结构将室内外空间和体积完全融合在一起。通过对空间、格局以及光线等方面的控制，迈耶创造出全新的现代化模式的建筑。他曾经说："我会熟练地运用光线、尺度和景物的变化以及运动与静止之间的关系。建筑学是一门相当具有思想性的科学，它由运动的空间和静止的空间组成，这其中的空间概念宛如宇宙中的氧气。虽然我所关心的一直是空间结构，但是我所指的不是抽象的空间概念，而是直接与光、空间尺度以及建筑学文化等方面都有关系的空间结构。"

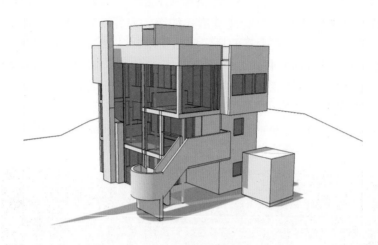

图1-41　史密斯住宅的模型

　　迈耶的作品以"顺应自然"的理论为基础，表面材料常用白色，以绿色的自然景物衬托，使人觉得清新脱俗，他还善于利用白色表达建筑本身与周围环境的和谐关系。在建筑内部，他运用垂直空间和天然光线在建筑上的反射达到富于光影的效果，他以新的观点解释旧的建筑，并重新组合几何空间。他曾说过："白色是一种极好的色彩，能将建筑和当地的环境很好地分隔开。像瓷器有完美的界面一样，白色也能使建筑在灰暗的天空中显示出其独特的风格特征。雪白是我作品中的一个最大的特征，用它可以阐明建筑学理念并强调视觉影像的功能。白色也是在光与影、空旷与实体展示中最好的鉴赏，因此从传统意义上说，白色是纯洁、透明和完美的象征。"图1-42所示为史密斯住宅的室内设计。

图1-42　史密斯住宅的室内设计

　　4) 新洛可可派

　　洛可可原为18世纪盛行于欧洲宫廷的一种建筑装饰风格，以精细轻巧和繁复的雕饰为特征，新洛可可仰承了洛可可繁复的装饰特点，但装饰造型的"载体"和加工技术却运用现代新型装饰材料和现代工艺手段，从而具有华丽而略显浪漫、传统中仍不失时代气息的装饰氛围。

5) 风格派

风格派起始于 20 世纪 20 年代的荷兰，以蒙德里安等为代表的艺术流派，强调"纯造型的表现，要从传统及个性崇拜的约束下解放艺术"。风格派认为"把生活环境抽象化，这对人们的生活就是一种真实"。他们对室内装饰和家具经常采用几何形体以及红、黄、青三原色，间或以黑、灰、白等色彩相配置。风格派的室内，在色彩及造型方面都具有极为鲜明的特征与个性。建筑与室内常以几何方块为基础，对建筑室内外空间采用内部空间与外部空间穿插统一构成为一体的手法，并以屋顶、墙面的凹凸和强烈的色彩对块体进行强调。

6) 超现实派

超现实派追求所谓超越现实的艺术效果，在室内布置中常采用异常的空间组织，曲面或具有流动弧线形的界面，浓重的色彩，变幻莫测的光影，造型奇特的家具与设备，有时还以现代绘画或雕塑来烘托超现实的室内环境气氛。超现实派的室内环境较为适应具有视觉形象特殊要求的某些展示或娱乐的室内空间。

7) 解构主义派

解构主义是 20 世纪 60 年代，以法国哲学家德里达为代表所提出的哲学观念，是对 20 世纪前期欧美盛行的结构主义和理论思想传统的质疑和批判，建筑和室内设计中的解构主义派对传统古典、构图规律等均采取否定的态度，强调不受历史文化和传统理性的约束，是一种貌似结构构成解体，突破传统形式构图，用材粗放的流派。

8) 装饰艺术派或称艺术装饰派

装饰艺术派起源于 20 世纪 20 年代法国巴黎召开的一次装饰艺术与现代工业国际博览会，后传至美国等各地，如美国早期兴建的一些摩天楼即采用这一流派的手法。装饰艺术派善于运用多层次的几何线型及图案，重点装饰于建筑内外门窗线脚、檐口及建筑腰线、顶角线等部位。如上海和平饭店等建筑的内外装饰，均为装饰艺术派的手法（见图 1-43、图 1-44）。近年来一些宾馆和大型商场的室内，出于既具时代气息，又有建筑文化的内涵考虑，常在现代风格的基础上，在建筑细部饰以装饰艺术派的图案和纹样。

图1-43 和平饭店的内部装饰设计(1)

图1-44　和平饭店的内部装饰设计(2)

当前社会是从工业社会逐渐向后工业社会或信息社会过渡的时候，人们对自身周围环境的需要除了能满足使用要求、物质功能之外，更注重对环境氛围、文化内涵、艺术质量等精神功能的需求。室内设计不同艺术风格和流派的产生、发展和变换，既是建筑艺术历史文脉的延续和发展，具有深刻的社会发展历史和文化的内涵，同时必将极大地丰富人们与之朝夕相处活动于其间时的精神生活。

1.4　室内设计师的基本要求

1.4.1　室内设计师的专业要求

作为室内设计师，首先要了解和熟悉室内设计的专业知识，懂得室内空间艺术的创作规律，还要具备良好的艺术修养。室内空间是艺术化了的物质环境，作为设计者要不断提升自身的艺术修养，除了学习美学、美术史、设计史、文艺理论、色彩学等知识外，还必须具备以下能力。

(1) 了解和熟悉建筑结构方面的知识，掌握一定的建筑力学知识，在结构构造技术上有一定的经验积累。同时，由于室内设计经常会受到室内空间环境的制约，因此，在具体的设计方案中，面对具体的技术问题，如何从艺术的角度来处理室内结构和构造的问题，设计出形式和布局合理的室内空间，也是室内设计者不可缺少的修养和基本要求。

(2) 对空间艺术的探索和研究。室内空间艺术的审美不能简单概括为形态、色彩、肌理等，还涉及室内空间的功能分析、平面布局、空间组织、形态塑造等方方面面的内容，这就要求设计者对空间艺术及环境艺术、建筑艺术等不断探索和研究。

(3) 具有建筑材料、装饰材料、建筑结构与构造、施工技术等方面的必要知识。

(4) 具有室内声、光、电、热、风等物理和建筑设备的基本知识。

(5) 对于一些相关学科知识，比如人体工程学、环境心理学、设计心理学、色彩学等知识有一定的了解。

(6) 熟悉相关的建筑和室内设计的规章和法律常识，如安全、防火、残障、标准、招投标法规、工程管理与合同标准等。

(7) 具有良好的艺术素养和设计表达能力，对历史传统、风土民情等有所了解。

(8) 具有一定的设计实践能力，积累丰富的实践经验，具备发现问题、分析问题、解决问题的综合能力。

总之，室内设计是技术与艺术的结合，而且与其他学科的关联十分密切，室内设计的学科特点也决定了室内设计师的业务素养和基本要求。

1.4.2 室内设计师的资格认证

室内设计行业作为一个新兴行业，需要对设计人员的从业资格进行评定。实行室内设计师资格评定制度是规范我国室内设计市场的关键一步。

根据国经贸产业〔2001〕297号文件，国家经济贸易委员会委托中国建筑装饰协会(2003年撤销，部分职能并入国家发改委)对全国室内装饰企业资质和从业人员的从业资格，进行审查并颁发从业资格等证书。

我国室内设计师的资格认定分为四个等级：资深高级室内设计师、高级室内设计师、室内设计师和助理室内设计师。图1-45所示为室内设计师证书的样本(含外封与内文样本)。

图1-45 室内设计师证书

报考条件：

1. 助理室内装饰设计师(国家三级职业资格)，具备以下条件之一者：

(1) 大专或高技以上本专业或相关专业应届或往届毕业生。

(2) 高中以上学历连续从事本职业工作3年以上。

2. 中级室内装饰设计师(国家二级职业资格)，具备以下条件之一者：

(1) 取得助理室内装饰设计师职业资格证书后，连续从事本职业工作3年以上。

(2) 高中以上学历连续从事本职业工作7年以上。

(3) 大学本科毕业后连续从事本职业工作 5 年以上。

(4) 硕士研究生毕业连续从事本职业工作 2 年以上。

3. 高级室内装饰设计师 (国家一级职业资格)，具备以下条件之一者：

(1) 取得室内装饰设计师职业资格证书后，连续从事本职业工作 3 年以上。

(2) 大学本科毕业后连续从事本职业工作 8 年以上。

(3) 硕士研究生毕业后连续从事本职业工作 5 年以上。

颁发证书：考核均合格者，由国家人力资源和社会保障部 (原国家人事部) 统一颁发证书，证书中英文对照，网上注册统一管理，全国、国际通用，终身有效。

本 章 小 结

室内设计首先是要满足人们的生活需求，而有意识地营造理想舒适的室内环境。室内设计是建筑设计的有机组成部分，是对建筑设计的升华与再创造。开设本课程的目的是培养本专业学生对室内设计的领悟力，能够古为今用、洋为中用，为今后的规划设计打好坚实的基础。通过本课程的学习，要求学生系统地掌握室内设计的内容、分类及各个风格流派的艺术特征，了解中外室内设计的概况，提高专业素养。

思考练习题

1. 室内设计的未来发展趋势是什么？

2. 室内设计的特点及原则有哪些？

3. 室内设计的分类是什么？

4. 比较中西方室内设计的异同点是什么？

实训课堂

实训课题：谈谈你对室内设计的认识。

(1) 内容：以"对室内设计的认识"为主题，写一篇论文，题目自拟。

(2) 要求：学生以个人为单位，围绕课题内容，通过查阅相关图书、浏览网页等形式进行调查，从不同角度展开阐述，谈谈对室内设计的认识，不少于 2000 字，需图文并茂。

第2章

室内设计的理论基础

学习要点及目标

* 通过本章的学习，可以对室内设计的内容和分类、依据等概念有清晰的认识，为以后的学习打下基础。
* 熟悉室内设计与人体工程学、环境心理学之间的关系。

核心概念

室内设计　人体工程学　环境心理学　室内设计师

本章导读

　　现代室内设计是一门复杂的综合学科，它涉及建筑学、结构工程学、人体工程学、环境心理学等学科领域，首先是要满足人们的生活需求，创造性地营造富有美感的室内空间环境，组织合理的室内使用功能，尽可能使室内空间布局合理、层次分明，从而构建舒适的室内环境，以满足人们在生理上和精神上的需求。

2.1　室内设计的内容和分类

2.1.1　室内设计的内容

　　现代室内设计涉及的面很广，但是设计的主要内容可以归纳为以下三个方面，这些方面的内容，相互之间又有一定的内在联系。

1. 室内空间组织和界面处理

　　(1) 室内设计的空间组织，包括平面布置 (见图 2-1)，首先需要对原有建筑设计的意图充分理解，对建筑物的总体布局、功能分析、人流动向以及结构体系等有深入的了解，在室内设计时对室内空间和平面布置予以完善、调整或再创造。室内空间组织和平面布置，也必然包括对室内空间各界面围合方式的设计。

　　(2) 室内界面处理，是指对室内空间的各个围合——地面、墙面、隔断、平顶等各界的使用功能和特点的分析，界面的形状、图形线脚、肌理构成的设计，以及界面和结构的连接构造，界面和风、水、

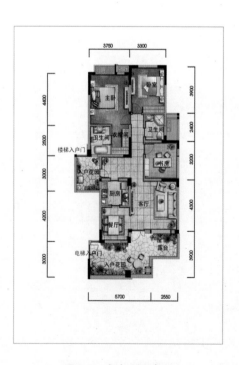

图2-1　室内平面布置

电等管线设施的协调配合等方面的设计。图 2-2 所示为室内空间界面。

图2-2 室内空间界面

界面处理不一定要做"加法"。从建筑的使用性质、功能特点方面考虑，一些建筑物的结构构件，也可以不加装饰，作为界面处理的手法之一，这正是单纯的装饰和室内设计在设计思路上的不同之处。空间组织和界面处理，是确定室内环境基本形体和线型的设计内容，设计时以物质功能和精神功能为依据，考虑相关的客观环境因素和主观的身心感受。图 2-3 所示为简洁的室内界面。

图2-3 简洁的室内界面

2.室内视觉环境(光照、色彩设计和材质选用)

(1) 室内光照是指室内环境的天然采光和人工照明,光照除了能满足正常的工作生活环境的采光、照明要求外,光照和光影效果还能有效地起到烘托室内环境气氛的作用(见图2-4、图 2-5)。

图2-4　咖啡厅室内光照

图2-5　餐厅灯光效果

(2) 色彩是室内设计中最为生动、最为活跃的因素,室内色彩往往给人们留下室内环境的第一印象。色彩最具表现力,通过人们的视觉感受产生的生理、心理和类似物理的效应,形成丰富的联想、深刻的寓意和象征。光和色不能分离,除了色光以外,色彩还必须依附于界面、家具、室内织物、绿化等物体。室内色彩设计需要根据建筑物的风格、室内使用性质、工作活动特点、停留时间长短等因素,确定室内主色调,选择适当的色彩配置。

(3) 材料质地的选用，是室内设计中直接关系到实用效果和经济效益的重要环节，巧于用材是室内设计中的一大学问。

饰面材料的选用，同时具有满足使用功能和人们身心感受这两方面的要求，例如坚硬、平整的花岗石地面，平滑、精巧的镜面饰面，轻柔、细软的室内纺织品，以及自然、亲切的本质面材等。室内设计毕竟不能停留于一幅彩稿，设计中的形、色，最终必须和所选"载体"——材质，这一物质构成相统一，在光照下，室内的形、色、质融为一体，赋予人们以综合的视觉心理感受 (见图 2-6)。

图2-6　室内装饰材料

3. 室内其他内含物的设计和选用

家具、陈设、灯具、绿化等室内设计的内容，相对地可以脱离界面布置于室内空间里，在室内环境中，实用和观赏的作用都极为突出，通常它们都处于视觉中显著的位置，家具还直接与人体相接触，感受距离最为接近。家具、陈设、灯具、绿化等对烘托室内环境气氛，形成室内设计风格等方面起着举足轻重的作用。

室内绿化 (见图 2-7) 在现代室内设计中具有不可替代的特殊作用。室内绿化具有改革室内小气候和吸附粉尘的功能，更为主要的是，室内绿化使室内环境生机勃勃，带来自然气息，令人赏心悦目，起到柔化室内人工环境，在高节奏的现代社会生活中具有协调人们心理使之平衡的作用。

图2-7　室内绿化

上述室内设计内容所列的三个方面，其实是一个有机联系的整体：光、色、形体让人们能综合地感受室内环境，光照下界面和家具等是色彩和造型的依托"载体"，灯具、陈设又必须和空间尺度、界面风格相协调。

2.1.2　室内设计的分类

室内设计和建筑设计类同，从大的类别可分为以下几种。

(1) 居住建筑室内设计 (住宅、宿舍、公寓等)。

(2) 公共建筑室内设计 (文教、医疗、商业、办公、展览、科研、体育等)。

(3) 工业建筑室内设计 (厂房)。

(4) 农业建筑室内设计 (农业生产用房)。

各类建筑中不同类型的建筑之间，还有一些使用功能相同的室内空间，例如门厅、过厅、电梯厅、中庭、盥洗间、浴厕，以及一般功能的门卫室、办公室、会议室、接待室等。当然在具体工程项目的设计任务中，这些室内空间的规模、标准和相应的使用要求还会有不少差异，需要具体分析。

[案例 2-1] 印度旧金山 Tolleson 公司办公室

原名称：Tolleson Offices by Huntsman Architectural Group

设计师：Huntsman Architectural Group

位置：美国

分类：公共空间类 (相关图片见图 2-8 至图 2-14)

　　这家 Tolleson 公司的办公室位于美国加利福尼亚旧金山，由 Huntsman Architectural Group 在一座由砖石和木材建造的两层旧仓库基础上改建而成。设计师保留了原有房屋的许多质朴特征，比如暴露的砖墙、木梁、木地板及天窗等。同时，对原有的空间布局、管道及灯光进行了改造，粗大的管道直接从原有的木梁上穿过，并大量使用玻璃隔断和窗户来装饰空间，以改变旧仓库原有的采光和通风。各种家具摆设也都显得实用而精致，厨房等配置则体现了公司对员工的人性化关怀。

图2-8　旧金山Tolleson公司的休息区(1)

图2-9　旧金山Tolleson公司的办公室(1)

图2-10　旧金山Tolleson公司的办公室(2)

图2-11　旧金山Tolleson公司的休息区(2)

图2-12　旧金山Tolleson公司的休息区(3)

图2-13 旧金山Tolleson公司的办公室(3)

图2-14 旧金山Tolleson公司的办公室(4)

[案例 2-2] 哥德堡整洁而优雅的公寓

原名称：Apartment on Rosengatan

位置：瑞典

分类：居室装修

这套占地765平方英尺的阁楼式公寓位于瑞典哥德堡。设计师充分利用公寓所处的独特位置，通过合理的空间布局和巧妙的装饰手段，打造出一个精致而时尚的居住环境。房屋被粉刷成白色，并与浅色木地板保持色调上的统一，沙发、餐桌及其他装饰物也都以素雅的中性色调为主。储物柜则巧妙地隐藏在墙壁之中，尽可能节省空间，银白色的整体式厨房紧邻屋顶阳台，拥有不错的采光，一个采用木板装饰而成的露天阳台被布置得优雅而温馨，并被花草所包围，成为休闲纳凉的好去处。

各种类型建筑室内设计的分类以及主要房间的设计如下。由于室内空间使用功能的性质和特点不同，各类建筑主要房间的室内设计对文化艺术和工艺过程等方面的要求，也各有侧重。例如对纪念性建筑和宗教建筑等有特殊功能要求的主厅，对纪念性、艺术性、文化内涵等精神功能的设计方面的要求就比较突出；而工业、农业等生产性建筑的车间和用房，相对地对生产工艺流程，以及室内物理环境的创造方面的要求则较为严格。本案例相关图片如图2-15至图2-22所示。

图2-15　公寓客厅的设计(1)

图2-16　公寓阳台的设计

图2-17 公寓客厅的设计(2)

图2-18 公寓客厅的设计(3)

图2-19 公寓餐厅的设计

图2-20　教堂主厅空间

图2-21　纪念馆大厅空间

图2-22　工业厂房的室内空间

室内空间环境按建筑类型及其功能的设计分类,其意义主要在于:使设计者在接受室内设计任务时,首先应该明确所设计的室内空间的使用性质,也即是所谓设计的"功能定位",这是由于室内设计造型风格的确定、色彩和照明的考虑以及装饰材质的选用,无不与所设计的室内空间的使用性质、设计对象的物质功能和精神功能紧密联系在一起。例如住宅建筑的室内,即使经济上有可能,也不适宜在造型、用色、用材方面使"居住装饰宾馆化",因为住宅的居室和宾馆大堂、游乐场所之间的基本功能和要求的环境氛围是截然不同的。

2.2 室内设计的依据和要求

2.2.1 室内设计的依据

室内设计既然是作为环境设计系列中的一环,那么事先必须对所在建筑物的功能特点、设计意图、结构构成、设施设备等情况充分掌握,进而对建筑物所在地区的室外环境等也有所了解。

具体地说,室内设计主要有以下各项依据。

(1) 人体尺度以及人们在室内空间活动时的范围,可以简单归纳为:静态尺度(人体尺度)、动态活动范围(人体动作领域与活动范围)、心理需求范围(人际距离、领域性等)。

人体的尺度,即人体在室内完成各种动作时的活动范围,是我们确定室内诸如门扇的高宽度、踏步的高宽度、窗台阳台的高度、家具的尺寸及其相间距离,以及楼梯平台、室内净高等的最小高度的基本依据。涉及人们在不同性质的室内空间内,从人们的心理感受考虑,还要顾及满足人们心理感受需求的最佳空间范围。不同地区的人体尺度不同,如表2-1所示。

表2-1 我国不同地区人体各部分平均尺寸(mm)

编号	部 位	较高人体地区（冀、鲁、辽）		中等人体地区（长江三角洲）		较低人体地区（四川）	
		男	女	男	女	男	女
A	人体高度	1690	1580	1670	1560	1630	1530
B	肩宽度	420	387	415	397	414	385
C	肩峰至头顶高度	293	285	291	282	285	269
D	正立时眼的高度	1513	1474	1547	1443	1512	1420
E	正坐时眼的高度	1203	1140	1181	1110	1144	1078
F	胸廓前后径	200	200	201	203	205	220
G	上臂长度	308	291	310	293	307	289
H	前臂长度	238	220	238	220	245	220
I	手长度	196	184	192	178	190	178
J	肩峰高度	1397	1295	1379	1278	1345	1261
K	双臂展开全长 的一半	869	795	843	787	848	791
L	上身高度	600	561	586	546	565	524

续表

编号	部 位	较高人体地区 （冀、鲁、辽）		中等人体地区 （长江三角洲）		较低人体地区 （四川）	
		男	女	男	女	男	女
M	臀部宽度	307	307	309	319	311	320
N	肚脐高度	992	948	983	925	980	920
O	指尖到地面高度	633	612	616	590	606	575
P	大腿长度	415	395	409	379	403	378
Q	小腿长度	397	373	392	369	391	365
R	脚高度	68	63	68	67	67	65
S	坐高	893	846	877	825	350	793
T	腓骨高度	414	390	407	328	402	382
U	大腿水平长度	450	435	445	425	443	422
V	肘下尺寸	243	240	239	230	220	216

(2) 室内内含物的尺寸与安置范围。

室内空间中的家具、灯具、设备、陈设等尺寸，以及使用、安置它们时所需的空间范围，也是室内布局的重要依据之一（见图2-23、图2-24）。除了它们本身的尺寸以及使用、安置时必需的空间范围之外，值得注意的是，此类设备、设施，由于在建筑物的土建设计与施工时，对管网布线等都已有整体布置，室内设计时应尽可能在它们的接口处予以连接、协调。

(3) 室内空间的结构构成、构件尺寸，设施管线等的尺寸和制约条件。

室内空间的结构体系、柱网的开间间距、楼面的板厚梁高、风管的断面尺寸以及水电管线的走向和铺设要求等，都是组织室内空间时必须考虑的。有些设施内容，如风管的断面尺寸，水管的走向等，在与有关工种的协调下可作调整，但仍然是必要的依据条件和制约因素。例如集中空调的风管通常在板底下设置，计算机房的各种电缆管线常铺设在架空地板内，室内空间的竖向尺寸，就必须考虑这些因素。

图2-23　家居空间的家具、陈设布置

图2-24　酒吧的室内布局

(4) 符合设计环境要求、可供选用的装饰材料 (见图 2-25 和图 2-26) 和可行的施工工艺。

由设计设想变成现实，必须动用可供选用的地面、墙面、顶棚等各个界面的装饰材料，采用现实可行的施工工艺，这些依据条件必须在设计开始时就考虑到，以保证设计图的实施。

(5) 已确定的投资限额和建设标准，以及设计任务要求的工程施工期限。

具体而又明确的经济和时间概念，是一切现代设计工程的重要前提。室内设计与建筑设计的不同之处，在于同样一个旅馆的大堂，相对而言，不同方案的土建单方造价比较接近，而不同建设标准的室内装修，可以相差几倍甚至十多倍。例如，一般社会旅馆大堂的室内装修费用单方造价 1000 元左右足够,而五星级旅馆大堂的单方造价可以高达 8000 ~ 10 000 元。可见对室内设计来说，投资限额与建设标准是室内设计必要的依据因素。

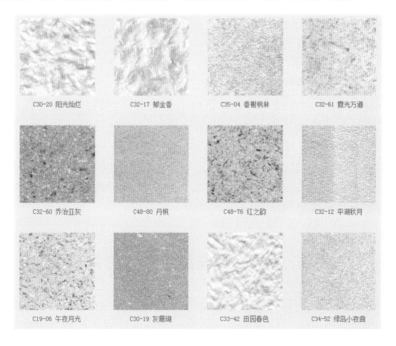

图2-25　装饰材料——墙纸

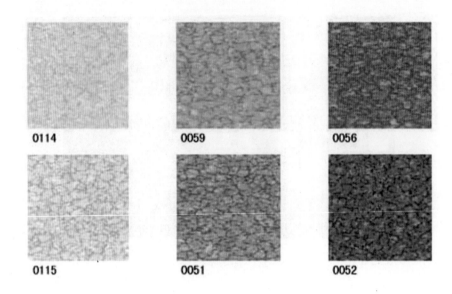

图2-26 装饰材料——地砖

同时，不同的工程施工期限，将导致室内设计中不同的装饰材料安装工艺以及界面设计处理手法。另外，在工程设计时，建设单位提出的设计任务书，以及有关的规范和定额标准，也都是室内设计的依据文件。最后，原有建筑物的建筑总体布局和建筑设计总体构思也是室内设计时重要的设计依据因素。

2.2.2 室内设计的要求

室内设计的要求主要有以下各项。

(1) 具有使用合理的室内空间组织和平面布局，提供符合使用要求的室内声、光、热效应，以满足室内环境物质功能的需要。

(2) 具有造型优美的空间构成和界面处理，宜人的光、色和材质配置，符合建筑物性格的环境气氛，以满足室内环境精神功能的需要。

(3) 采用合理的装修构造和技术措施，选择合适的装饰材料和设施设备，使其具有良好的经济效益。

(4) 符合安全疏散、防火、卫生等设计规范，遵守与设计任务相适应的有关定额标准。

(5) 随着时间的推移，考虑具有适应调整室内功能、更新装饰材料和设备的可能性。

(6) 联系到可持续性发展的要求，室内环境设计应考虑室内环境的节能、节材、防止污染，并注意充分利用和节省室内空间。

2.3 室内设计与相关学科的关系

人体工程学和环境心理学都是新兴的综合性学科。现代室内设计越来越重视人、物、环境之间的关系，崇尚以人为本的设计理念。因此，室内设计除了重视室内空间视觉效果的设计之外，对物理环境、生理环境以及心理环境的研究和设计也愈加重视，并且运用到实际的设计实践中。

2.3.1 室内设计与人体工程学

将人体工程学应用到室内设计中就是对人体进行正确的认识和分析，以人为中心，根据
生理结构、心理活动、心理需求等诸多因素，使室内环境达到最优化组合。

人体工程学 (Human Engineering)，也称人机工程学、人类工程学、人体工学、人间工学
或工效学 (Ergonomics) 等。Ergonomics 来自希腊文 Ergo(即"工作、劳动") 和 nomos(即"规
律、效果")，也即探讨人们劳动、工作效果、效能的规律性。

人体工程学起源于欧美，原先是在工业社会中，开始大量生产和使用机械设施的情况
下，探求人与机械之间的协调关系，作为独立学科有 40 多年的历史。第二次世界大战中的
军事科学技术，开始运用人体工程学的原理和方法，在坦克、飞机的内舱设计中，如何使人
在舱内有效地操作和战斗，并尽可能使人长时间地在小空间内感觉不到疲劳，即处理好人 -
机 - 环境的协调关系。及至第二次世界大战后，各国把人体工程学的实践和研究成果，迅
速有效地运用到空间技术、工业生产、建筑及室内设计中，1960 年创建了国际人体工程学
协会。

人体工程学与室内设计的联系如下。

以人为主体，运用人体计测和生理、心理计测等手段和方法，研究人体结构功能、心理、
力学等方面与室内环境之间的合理协调关系，以适合人的身心活动要求，取得最佳的使用效
能，其目标应是安全、健康、高效能和舒适。人体工程学与有关学科以及人体工程学中人、
室内环境和设施相互关联。

由于人体工程学是一门新兴的学科，人体工程学在室内环境设计中应用的深度和广度，
有待于进一步认真开发，目前已有开展的应用方面如下。

(1) 确定人和人际在室内活动所需空间的主要依据。

根据人体工程学中的有关计测数据，从人的尺度、动作域、心理空间以及人际交往的空
间等方面 (参见图 2-27)，确定空间范围。

(2) 确定家具、设施的形体、尺度及其使用范围的主要依据。

家具设施为人所使用，因此它们的形体、尺度必须以人体尺度为主要依据；同时，人们
为了使用这些家具和设施，其周围必须留有活动和使用的最小余地，这些要求都由人体工程
科学地予以解决。室内空间越小，停留时间越长，对这方面内容测试的要求也越高，例如舒
美娜在床垫中运用德国科学睡眠，车厢、船舱、机舱等交通工具内部空间的设计。

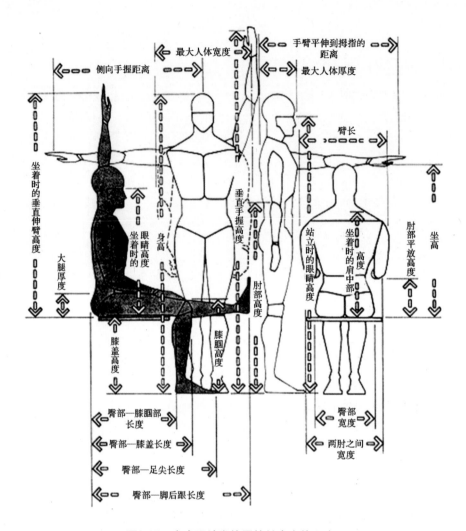

图2-27　室内设计常使用的基本人体尺度

（3）提供适应人体的室内物理环境的最佳参数。

室内物理环境主要有室内热环境、声环境、光环境、重力环境、辐射环境等，室内设计时有了上述要求的科学参数后，在设计时就有可能有正确的决策。

（4）对视觉要素的计测为室内视觉环境设计提供科学依据。

人眼的视力、视野、光觉、色觉是视觉的要素，人体工程学通过计测得到的数据，对室内光照设计、室内色彩设计、视觉最佳区域等提供了科学的依据（见图2-28）。

人在室内环境中，其心理与行为尽管有个体之间的差异，但从总体上分析仍然具有共性，仍然具有以相同或类似的方式作出反应的特点，这也正是我们进行设计的基础。

下面我们列举几项室内环境中人们的心理与行为方面的情况。

（1）领域性与人际距离。领域性原是动物在环境中为取得食物、繁衍生息等的一种适应生存的行为方式。人与动物毕竟在语言表达、理性思考、意志决策与社会性等方面有本质的区别，但人在室内环境中的生活、生产活动，也总是力求其活动不被外界干扰或妨碍。不同的活动有其必需的生理和心理范围与领域，人们不希望轻易地被外来的人与物所打扰。

室内环境中个人空间常需与人际交流、接触时所需的距离通盘考虑。人际接触实际上根据不同的接触对象和不同的场合，在距离上各有差异。赫尔以动物的环境和行为的研究经验为基础，提出了人际距离的概念，根据人际关系的密切程度、行为特征确定人际距离，即分为密切距离、人体距离、社会距离、公众距离。

每类距离中，根据不同的行为性质再分为接近相与远方相。例如在密切距离中，亲密、对对方有可嗅觉和辐射热感觉为接近相；可与对方接触握手为远方相。当然由于不同民族、宗教信仰、性别、职业和文化程度等因素，人际距离也会有所不同。

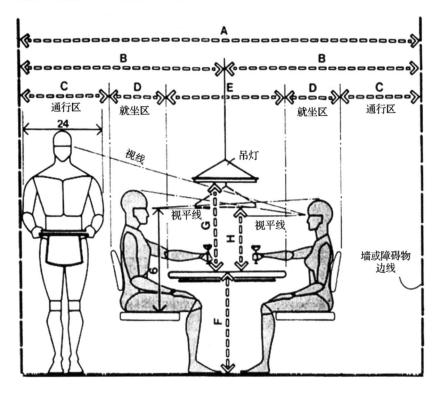

图2-28　最小用餐单元宽度

(2) 私密性与尽端趋向。如果说领域性主要在于空间范围，则私密性更涉及在相应空间范围内包括视线、声音等方面的隔绝要求。私密性在居住类室内空间中要求更为突出。

(3) 依托的安全感。生活活动在室内空间的人们，从心理感受来说，并不是越开阔、越宽广越好，人们通常在大型室内空间中更愿意"依托"物体。

(4) 从众与趋光心理。人们在室内空间中流动时，具有从暗处往较明亮处流动的趋向，紧急情况时人群引导会优于文字的引导。比如从一些公共场所内发生的非常事故中观察到，紧急情况时人们往往会盲目跟从人群中领头几个急速跑动的人的去向，不管其去向是否是安全疏散口。当火警或烟雾开始弥漫时，人们无心注视标志及文字的内容，甚至对此缺乏信赖，往往是更为直觉地跟着领头的几个人跑动，以致成为整个人群的流向。上述情况即属从众心理。上述心理和行为现象提示设计者在创造公共场所室内环境时，首先应注意空间与照明等的导向，标志与文字的引导固然也很重要，但从紧急情况时的心理与行为来看，对空间、照明、音响等需予以高度重视。

(5) 空间形状的心理感受。由各个界面围合而成的室内空间，其形状特征常会使活动于其中的人们产生不同的心理感受。著名建筑师贝聿铭曾对他的作品——具有三角形斜向空间的华盛顿艺术馆新馆——有很好的论述，贝聿铭认为三角形、多灭点的斜向空间常给人以动态和富有变化的心理感受。

2.3.2 室内设计与环境心理学

环境心理学是研究环境与人的心理和行为之间关系的一个应用社会心理学领域，又称人类生态学或生态心理学。这里所说的环境虽然也包括社会环境，但主要是指物理环境，包括噪音、拥挤、空气质量、温度、建筑设计、个人空间等。

环境心理学是从工程心理学或工效学发展而来的。工程心理学是研究人与工作、人与工具之间的关系，把这种关系推而广之，即成为人与环境之间的关系。

运用环境心理学的原理，在室内设计中的应用面极广，暂且列举下述几点。

(1) 室内环境设计应符合人们的行为模式和心理特征。

例如现代大型商场的室内设计，顾客的购物行为已从单一的购物，发展为购物—游览—休闲—信息—服务等行为。购物要求尽可能接近商品，亲手挑选比较，由此自选及开架布局的商场结合茶座、游乐室、托儿所等应运而生。

(2) 认知环境和心理行为模式对组织室内空间的提示。

从环境中接受初始刺激的是感觉器官，评价环境或作出相应行为反应的判断是大脑，因此，"可以说对环境的认知是由感觉器官和大脑一起进行工作的"。认知环境结合上述心理行为模式的种种表现，使设计者能够比通常单纯根据使用功能、人体尺度等起始的设计依据，有了组织空间、确定其尺度范围和形状、选择其光照和色调等更为深刻的提示。

(3) 室内环境设计应考虑使用者的个性与环境的相互关系。

环境心理学从总体上既肯定人们对外界环境的认知有相同或类似的反应，同时也十分重视作为使用者的人的个性对环境设计提出的要求，充分理解使用者的行为、个性，在塑造环境时予以充分尊重，但也可以适当地动用环境对人的行为的"引导"，对个性的影响，甚至一定程度意义上的"制约"，在设计中辩证地掌握合理的分寸。房间内部的安排和布置也影响人们的知觉和行为。如颜色可使人产生冷暖的感觉，家具安排可使人产生开阔或挤压的感觉。

室内设计师应具备的专业知识包括下面几种。

(1) 具有建筑单体设计和环境总体设计的基础知识，特别是对建筑单体功能分析、平面布局、空间组织、形态造型等的必要知识以及对总体环境艺术和建筑艺术的理解和美学素养。

(2) 具备建筑装饰材料、建筑装饰结构与构造、施工技术方面的知识。

(3) 具备室内声、光、电、热等物理和设备的基本知识，并具备和相关工种的协调能力。

(4) 熟悉环境心理学、设计心理学、色彩心理学、人体工程学、材料学等相关学科知识。

(5) 具备较好的艺术素养和设计表达能力，对历史传统、人文民俗、乡土风情有所了解或熟悉。

(6) 具备相关建筑和室内设计的规章和法律知识，如防火、安全、招投标法规、工程管理与合同法规等。

(7) 具有将综合知识应用于设计实践的能力，如发现问题、分析问题、解决问题的综合能力。

本 章 小 结

　　室内设计首先是要满足人们的生活需求，而有意识地营造理想舒适的室内环境。室内设计是建筑设计的有机组成部分，二者之间相互渗透，关系非常密切。室内设计是对建筑设计的升华与再创造。室内设计与建筑设计有许多共同点，即都要考虑物质功能和精神功能的要求，都要遵循建筑美学的原理，都受物质技术和经济条件的制约等。开设本课程的目的是培养本专业学生对室内设计的领悟力，能够古为今用、洋为中用，为今后的规划设计打好坚实的基础。通过本课程的学习，要求学生系统地掌握室内设计的内容、分类及各个风格流派的艺术特征，了解中外室内设计的概况，提高专业素养。

思考练习题

　　1. 室内设计的内容是什么？
　　2. 室内设计的分类有哪些？
　　3. 室内设计的依据和要求是什么？
　　4. 室内设计与其他学科的关系是什么？

实训课堂

实训课题：
　　通过书籍、网络等形式，欣赏大量的室内设计作品，举例分析室内设计涉及哪些方面的内容，以及室内设计对建筑空间、人们的生活的重要意义，并且分析每个作品的风格特点。

第3章

室内设计的流程与设计图制作

学习要点及目标

✱ 通过本章的学习，可对室内设计的流程、室内设计图的制作等有清晰的认识，为以后的学习和工作导航。

✱ 熟悉室内设计图纸的绘制和施工图的制作过程，对室内设计的流程进行了简要的介绍，使学生了解室内设计工作自始至终的程序和制作方法，对整体设计工作做到心中有数。

核心概念

室内设计　设计流程　施工图

本章导读

　　室内设计流程是一个理性思考和条理化的工作过程。该流程需要通过大量的理论知识学习和工作实践，才能对其有所理解和认识。通过本章的学习，可以对室内设计的流程、设计图的制作、设计方法等有明确和清晰的认识，为今后的学习与工作打下坚实的基础。

　　室内设计的流程需要考虑很多方面的内容，对于从事室内设计的人员来说，首先要明确客户的需求，与客户进行交流，掌握第一手的设计资料，在明确了客户需求之后，就可以开始制作设计方案了。由于室内设计是一项复杂的系统工程，即使是在同一个项目中，由于承担的任务不同，因此在实际操作中的着眼点也就不同，在工程实施中也难免出现问题和矛盾，因此，对室内设计的流程和设计图的制作流程有一个清晰、明确的认识，对于室内设计的成败起着至关重要的作用。

3.1　室内设计的流程

✱ 3.1.1　明确客户要求

　　要制作出符合客户需要的设计，首先要与客户进行沟通，明确客户的需求，掌握第一手资料，这些资料都是设计师设计的依据。

1. 与客户沟通

　　与客户沟通(见图 3-1)以获得第一手资料，内容主要包括客户的年龄、职业、性格、个人喜好、装修风格等。

图3-1　设计师与客户沟通

建立业主档案，主要包括以下各项。

户型：　　　　　方位：　　　　　面积：

朝向：　　　　　楼层：　　　　　结构类型：

人口：　　　　　来客情况：

女主人/男主人：

年龄：　　　　　职业：　　　　　收入：

个人喜好：

个人性格：

生活习惯：

色彩偏好：

其他：

备注：

业主的设计要求

业主要求：

功能要求：

预算范围要求：

风格要求：

家具配置计划：

所喜爱的材料和设备的品类及色彩：

其他特殊要求：

通用要求：

(1) 按照住宅室内设计的基本理论，在满足功能的基础上，力求方案有个性、有思想。

(2) 设计要适合业主的身份特点，设计要具有文化品质和精神内涵。

(3) 针对居住的需要，充分考虑空间的功能分区，布局室内空间结构。

(4) 设计要以人体工学的要求为基础，满足人的行为和心理尺度。

(5) 充分利用已有条件，考虑业主的自身情况和需求，创造出温馨、舒适的人居环境。

2．掌握设计空间的资料

　　了解室内空间环境的情况，进行实地测量，尽可能多地收集用于设计的客观资料。内容主要包括室内空间的分割、结构、采光、具体的墙体尺寸、门窗位置、梁柱分布状况、管道等细节对象的情况，为设计构思提供客观依据（见图3-2、图3-3）。

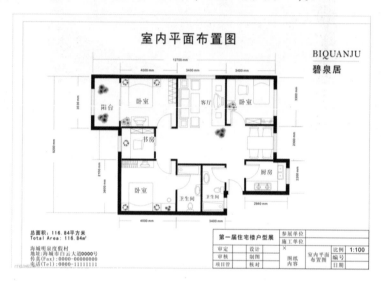

图3-2　家居平面图

图3-3　家居空间布局图

(1) 测量应以柱边线、墙角线为标准，通常测量为净空尺寸。

(2) 详细测量室内的各个空间总长、总宽尺寸，墙柱跨度的长、宽尺寸。记录测量现场尺寸与图纸的出入情况，记录现场间墙工程误差。

(3) 表明混凝土墙、柱、承重墙、非承重墙的位置尺寸。

(4) 标注门窗的实际尺寸、高度，开合方式、边框结构和固定处理结构以及窗台、窗上墙的高度，幕墙结构的间距、框架形式、玻璃间隔等的实际做法，记录采光、通风及户外景观的情况。

(5) 测量梁高和梁宽尺寸，顶面的净空高度、梁底高度，测量梯台结构落差等。

(6) 地平面标高要记录现场情况并预计完成尺寸。

(7) 复检建筑的位置、朝向，所处地段；周围的环境状态，包括噪声、空气质量、绿色状况、光照等。

3.1.2　制作设计方案(任务书)

1．设计任务书

设计任务书是业主对工程项目设计提出的要求，是工程设计的主要依据。主要用于项目实施之初确定设计总体方向与要求，也可以用批准的可行性研究报告代替设计任务书。

2．设计任务书的制定

设计任务书一般包括以下几方面的内容。

(1) 设计项目的名称、建设地点。

(2) 设计项目概况。

(3) 设计依据。

(4) 设计风格。

(5) 设计范围。

(6) 具体设计要求。

(7) 设计进度。

(8) 造价控制。

(9) 设计文件要求。

(10) 需设计单位完成的其他工作。

(11) 建设单位提供的设计文件。

设计任务书是制约委托方（甲方）和设计方（乙方）的具体法律文书，只有甲乙双方均遵守该任务书，才能保证项目的正常实施。按照表现形式，设计任务书主要分为：招标文书、投标文书、意向性协议书、正式合同等。图3-4所示为房屋装修合同。

房屋装修合同

甲方：________

代表人：________

乙方：________

代表人：________

依照《中华人民共和国合同法》及相关法律、法规的规定，结合住宅装饰工程施工的特点，遵循平等、自愿、公平和诚实信用的原则，双方经友好洽谈和协商，就双方的住宅装饰工程的有关事宜，达成如下协议：

一、工程概况

1、工程地点________。

2、工程内容及做法：详见双方确认的工程预算表、施工图和工程内容。

3、工程期限及保修期：工程期限________天。自________年________月________日起至________年________月________日止。保修期：________月。自工程竣工经甲方验收合格，双方签字之日起计算，并由乙方开具工程保修单。

4、合同价款及付款方式：

本合同总价为（大写）：________（小写）________元，合同生效后，甲方按下表中的约定向乙方支付工程款：

工程验收合格后，乙方应向甲方提出工程结算单，并将有关资料送交甲方，由甲方在五天内审核完毕如无异议视为同意，并在签字同时结清工程余款，工程发票（合同总价）中所应缴纳的税金由甲方承担。

图3-4　房屋装修合同

3.1.3　室内设计的程序和步骤

室内设计根据设计的进程，通常可以分为四个阶段，即设计准备阶段、概念设计和方案设计阶段、施工图设计阶段和设计实施阶段。

1．设计准备阶段

设计准备阶段的主要内容是接受委托任务书，签订合同，或者根据标书要求参加投标；明确设计期限并制定设计计划进度安排，考虑各有关工种的配合与协调。

明确设计任务和要求，如室内设计任务的使用性质、功能特点、设计规模、等级标准、总造价，根据任务的使用性质所需创造的室内环境氛围、文化内涵或艺术风格等；熟悉设计有关的规范和定额标准，收集分析必要的资料和信息，包括对现场的调查踏勘以及对同类型实例的参观等。

在签订合同或制定投标文件时，还包括设计进度安排，设计费率标准，即室内设计收取业主设计费占室内装饰总投入资金的百分比。

2．概念设计和方案设计阶段

经过对于不同设计信息资源的筛选和酝酿，确立设计概念，对于设计的成败，有着至关重要的影响。特别是对于一些大型项目，所面临的影响因素和矛盾就会越多。因此，在设计的初期阶段，就要确定正确的设计概念作为指导，为后期的施工实施阶段创造良好的条件。

室内设计的概念设计，就是运用图形思维的方式，对设计项目的环境、功能、整体风格等进行综合分析以后，所作出的室内空间的总体艺术形象构思设计。在此基础上，进一步收集、分析、研究设计要求及相关资料，进一步与业主沟通和交流设计方案，反复构思，进行多方案比较，逐步完成设计所需的效果图作业，最后完成方案的设计。

在方案设计阶段，室内设计师提供的方案设计文件，一般包括设计说明、平面图、平顶图、地面铺装图、剖面图、立面展开图、效果图、装饰材料实样（石材、木材、墙纸、地砖、家具、陈设等）（见图3-5至图3-8）。

方案设计阶段主要包括以下内容。

(1) 准备选用的主要材料样板。

(2) 绘制平面图、顶棚图、立面图、剖面图等方案图纸，提供色彩效果图。

(3) 提供设计说明和项目造价预算。

(4) 若业主有特殊要求，或者设计项目比较大，需要提供设计项目的三维动画演示。

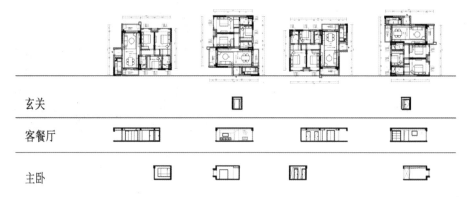

图3-5 室内平面图示例

图3-6 平面布局彩图

图3-7　客厅手绘效果图

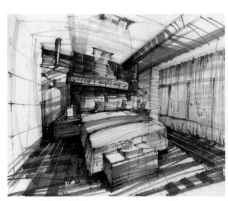

图3-8　卧室效果图

[案例 3-1] 雅典阿拉洛姆桌游咖啡馆内设计

原名称：Alaloum Board Game Cafe by Triopton Architects

设计师：Triopton Architects

位置：希腊雅典

分类：咖啡屋

材料介绍：木材 钢材

这家 160 平方米的阿拉洛姆桌游咖啡馆位于希腊首都雅典东北部郊区 Nea Filadelfeia，由 Triopton Architects 设计完成。

咖啡馆共分为两个层次，主要的面积和空间都集中在保持和增强空间的几何状结构，并通过创造性的想象力和对比手法，利用自然和建筑材料，从而创造一个受欢迎的游戏环境。一个主要的特征是一个一面红白相间的格子状游戏拼图，另一个显著特征是由钢架组成的红色金属梯，而手工制作的彩色金属灯在满足照明需要的同时，也为墙壁和天花板增添了彩色的装饰元素，以最大限度地唤起顾客的童年回忆。相关的平面图和效果图如图 3-9 至图 3-14 所示。

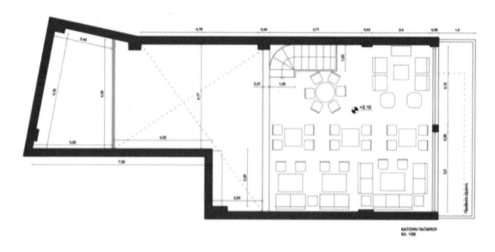

图3-9　雅典阿拉洛姆桌游咖啡馆的平面图(1)

图3-10　雅典阿拉洛姆桌游咖啡馆的平面图(2)

图3-11　雅典阿拉洛姆桌游咖啡馆一层

图3-12　雅典阿拉洛姆桌游咖啡馆一层的局部设计

图3-13　雅典阿拉洛姆桌游咖啡馆二层

图3-14　雅典阿拉洛姆桌游咖啡馆二层的局部设计

3．施工图设计阶段

当设计方案确定后，准确无误的实施就主要依靠施工图阶段的深化设计。施工图设计的关键在于以下四个方面。

(1) 不同材料类型的使用特征。

(2) 材料连接方式的构造特征。

(3) 环境系统设备与空间构图的有机结合。

(4) 界面与材料过渡的处理方式。

施工图设计是设计师对整个设计项目的最后决策，必须与其他各专业进行充分的协调，综合解决各种技术问题，向材料商与工程承包商提供准确的信息。

施工图设计文件与方案设计相比，室内设计师提供的文件一般包括：施工说明、平面图 (见图 3-15)、平顶图、剖视图或立面展开图 (见图 3-16)、地面铺装图 (见图 3-17)、门窗图、节点详图和造价预算。施工图绘制完成，标志着室内设计项目实施图纸阶段主体设计任务的结束。

4．设计实施阶段

在本阶段，主要的任务是进行项目施工。虽然设计师绝大部分的设计工作已经完成，项目开始施工，但是设计师仍需要高度重视实施阶段，以达到理想的效果。

设计师在这个阶段的主要任务是向施工方讲解设计意图，对图纸的技术问题进行沟通。

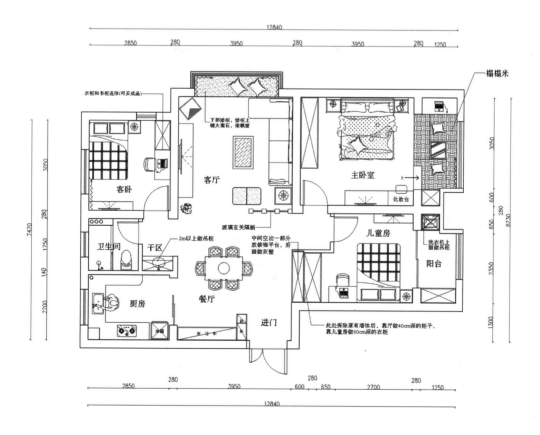

图3-15　室内平面图

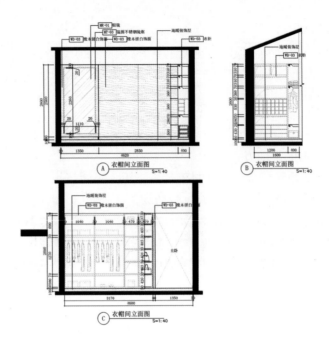

图3-16　施工立面图

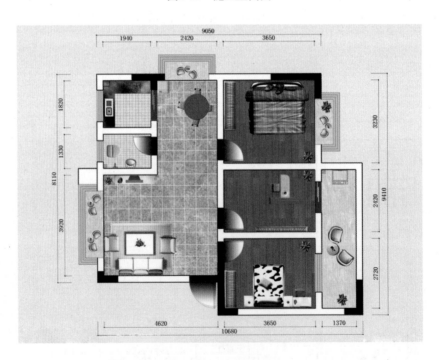

图3-17　地面铺装图

3.1.4　现场调整

现场调整工作主要是解决施工方在施工过程中遇到的问题。

由于施工方在施工过程中，往往会遇到施工实际操作与设计方案不协调等问题，作为室内设计者，应当首先根据施工方提出的异议，针对施工现场实况进行修改和补充（见图3-18）。如果设计图纸的某些地方存在不可行性，或者错误，室内设计师应当对图纸进行修改调整。

　　同时，室内设计师在施工方进行施工的过程中，及时解答施工队提出的涉及设计的问题。当施工方遇到施工困难时，室内设计师应尽快到施工现场，查看施工的问题所在，如与施工方进行装饰材料等的选样工作，并且协助业主选择家具、灯具室内陈设品。施工结束后，与业主进行质量验收。

图3-18　设计师与施工方进行现场调整

　　总之，为了营造一个理想的室内环境，室内设计师需要与业主、施工方、专业的工程师等进行及时、充分的沟通和协作，才能确保达到理想的设计效果。否则，在实施阶段难免会出现种种问题，造成不必要的损失。

3.2　室内设计图的制作程序

　　室内设计是在二维平面作图中完成思维要素（包括时间要素）的空间设计。这很显然是一项艰巨的任务。因此就需要设计者调动一切可能的视觉图形传递工具，这也成为图面制作的必需。

3.2.1　室内设计图的表现手法

室内设计图常采用的表现手法包括以下几种。

1．徒手画

　　徒手画即是通过速写、画面描线、复制扫描图等方法，这种表现手法主要用于平面功能布局和空间形象构思的草图作业（见图3-19和图3-20）。

2．正投影制图

　　正投影制图主要包括平面图、立面图、剖面图、细节节点详图等（见图3-21和图3-22），是用于方案和施工图的正图。

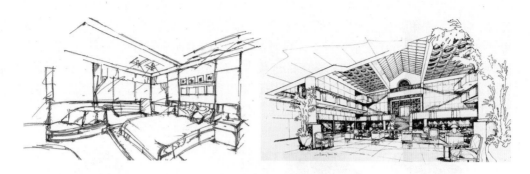

图3-19　徒手速写草图

图3-20　室内设计草图

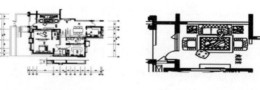

图3-21　室内效果图与手绘图

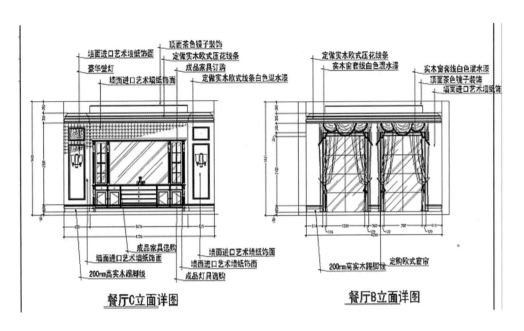

图3-22　施工立面图与细节结点详图

3．透视图

透视图包括一点透视、两点透视、三点透视等，是表现室内空间视觉效果的最佳表现形式（见图 3-23 至图 3-25）。

图3-23　透视图(1)

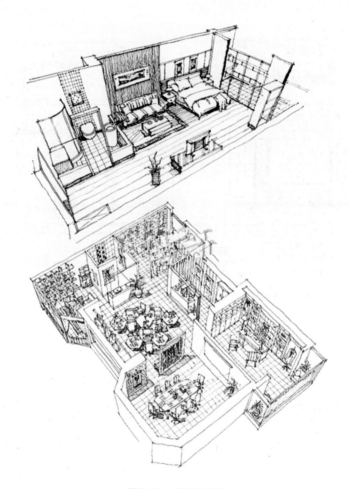

图3-24　透视图(2)

图3-25　透视图(3)

3.2.2 室内设计图的制作步骤

下面具体介绍一下室内设计的图面制作步骤。

1. 平面功能布局草图制作

平面功能布局草图(见图3-26和图3-27)是最先体现室内设计意图的图画作业,主要解决室内空间设计中的功能问题,包括室内空间的功能分区、设备安装、家具与陈设装饰的位置等。由于在室内设计中有各种因素相互作用,所产生的矛盾也是多方面的,如何协调这些矛盾,使平面功能得到最佳配置,是平面功能布局草图的关键。因此,要通过绘制大量的草图,经过反复修改、对比得出最理想的平面设计草图。

空间形象构思的草图制作,主要通过徒手画的空间透视速写,表现空间大的形体结构,或者配合立面构图,帮助设计者尽快确定完整的空间形象概念。

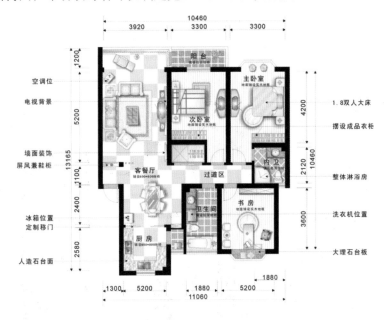

图3-26 室内平面布置图

图3-27 室内平面功能布局图

2．设计概念确立后的方案图

设计概念确立后的方案图具有两个作用：一是作为设计概念思维的进一步深化，二是设计表现的关键环节。一套完整的方案图，应包括平面图、立面图、空间效果透视图以及材料样板图和简要的设计说明。工程项目简单的可以只要平面图和透视图。

方案图与前面所讲的平面功能布局、空间形象构思草图不同，室内设计师的设计理念将通过方案图传达出来，因此，要求图面作业精准无误，平面图要绘制精确，符合国家制图规范；透视图要能再现室内空间的真实情景。

随着计算机技术的进步，计算机绘图软件的发展，目前计算机绘图已经几乎取代了繁重的徒手绘画。但是，作为处于学习阶段的方案图制作，还是提倡手工绘制，当手绘技能达到一定的标准，再转向计算机绘图，这样能够在方案图制作中取得事半功倍的效果。

在室内设计的方案图中，室内平面图的表现内容除了表现空间界面的分割外，还要表现家具和陈设等内容的位置。精细的室内平面图甚至要表现材质和色彩。同样，立面图也是如此。如图 3-28 所示为室内设计方案图。

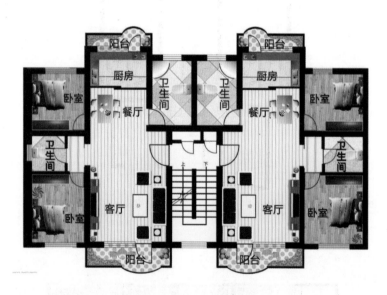

图3-28　室内设计方案图

[案例 3-2] 别墅豪宅"优雅中挹取芬芳"

设计者：虞国纶（格纶设计有限公司）

设计理念：华丽的经典，从感官感知中觉察出来。整体设计风格雅中见质，独具优雅，与潮流中的时尚有所不同，反映居住者高雅而悠然的生活态度。忠于美学，凌驾于设计原创的精神，探究空间内在的纯粹力量。从家具的原创设计精神，体现设计家的创意风范，进而雕塑出空间最佳表情，讲究的是精致美学概念的实践整合，重视的是建筑环境优式的穿透引导。跳脱风格传统的客观印象，融合媒体材料虚实特性，主导空间流动意象，回应与自然环境的交集、与自然光线的消长、与自然时序的变迁，以开阔大气的设计表现空间的真实性、生活性、价值性。本案例相关的平面图和效果图如图3-29至图3-36所示。

对于精致居宅的合理定义，除了风格之外，应该从大方向的人文哲学自省观照开始，转载环境与室内的风景延续，满足当代文化以及反映生活机能的美学细节，企图创作出空间设计与城市脉动关系精准拿捏的生活魅力。

舒适的休憩态度，必须跳脱虚假式的风格限制，促成与建筑环境、人的个性、生活见解相互融合，从相异性当中，觉察出一种协调感，制造出空间的弹性，确保生活的真实性。

图3-29　一层平面图

图3-30　二层平面图

（注：和室为传统日本房屋特有的房间）

图3-31　一层卧室平面图

图3-32　一层客厅(1)

图3-33　一层客厅(2)

图3-34　二层客厅

图3-35　餐厅

图3-36　和室

3．方案确立后的施工图

　　室内设计师的设计方案通过委托者的核定后，即可进入施工图阶段。如果说草图阶段以"构思"为主要内容，方案图阶段以"表现"为主要内容，那么，施工图则以"标准、依据"为主要内容，这个标准是施工的唯一科学依据。

　　一套完整的施工图纸应该包括三个内容：界面材料与设备位置、界面层次与材料构造、细部尺寸参数与图案样式（见图3-37到图3-40）。

图3-37 施工图绘制工具

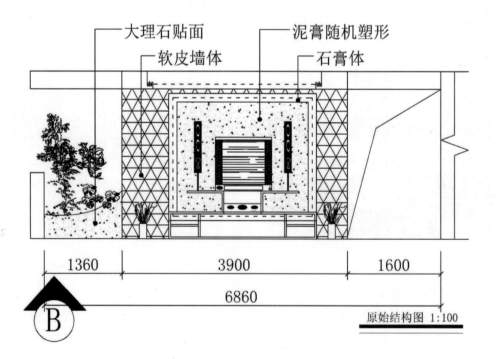

图3-38 细部的材料构造

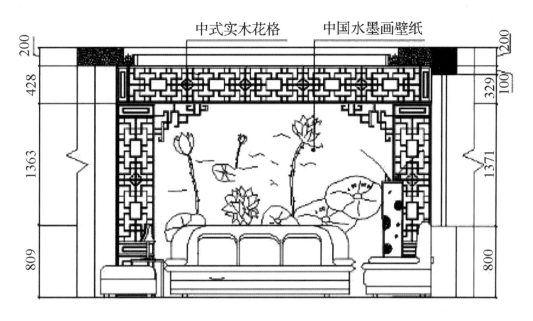

图3-39 施工立面图(1)

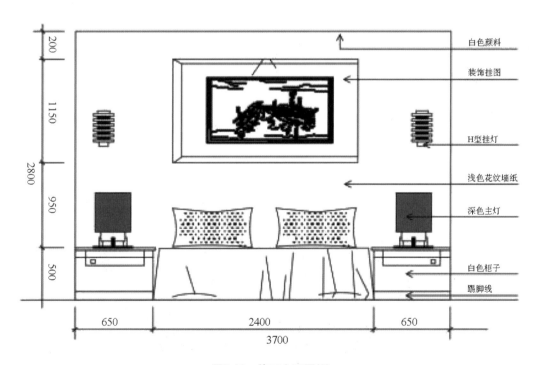

图3-40 施工立面图(2)

本 章 小 结

　　在本章中对室内设计的流程、室内设计图的制作进行了条理化的分析，通过学习本章可以对室内设计的流程、设计图的制作、设计方法等有着明确和清晰的认识，为今后的学习和工作打下坚实的基础。

思考练习题

　　1. 室内设计的未来发展趋势是什么？
　　2. 室内设计的特点及原则有哪些？
　　3. 室内设计的分类是什么？
　　4. 中西方室内设计的异同点是什么？

实训课堂

实训课题：

绘制一幅卧室的设计草图

内容：绘制卧室空间的大体框架，为空间布置主要家具，并且添加装饰陈设品，最后为草图上色。（见图3-41和图3-42所示）

图3-41　手绘草图(1)

图3-42　手绘草图(2)

要求：

(1) 明确卧室作为人们的休息空间，应当满足休息使用功能。

(2) 对卧室内部空间进行功能布局、室内装饰时，布局要求合理、流畅，室内装饰陈设等要实用且艺术化，这些内容的布置不宜繁多，否则会使空间拥挤。

(3) 采取手绘表现形式。

(4) 图纸大小为 A3 幅面，采用比例为 1 ∶ 30。

第4章

室内空间与界面设计

* 要求掌握室内空间设计的基本概念、类型，理解室内空间的功能、形态。
* 通过对本章的学习，理解空间界面的设计要求和装修设计要遵循的原则，同时，要注意区分空间界面的共性特点和个性要求、室内界面设计的原则和要点。
* 了解不同界面的设计原则和设计手法。

核心概念

室内设计　空间设计　界面设计　空间划分

本章导读

　　本章主要介绍室内空间与界面的设计，主要包括室内空间的功能、分类，室内界面的原则和要求等方面的知识。在学习过程中，要注意区分空间界面的共性特点和个性要求、室内界面设计的原则和要点，以指导今后的具体设计。

4.1　室内空间设计

　　室内设计主要包括：室内空间设计、室内界面设计、室内光环境与色彩设计、室内装饰材料、家具陈设设计与选择等多方面的设计工作。其中，空间是室内设计系统中最核心的要素，是室内设计的基础。在室内设计中应先进行空间的划分、限定与组织，在此基础上再进行其他环节的设计。

4.1.1　室内空间设计概述

　　室内空间是建筑空间环境的主体，建筑以室内空间来表现它的使用性质。在人类的生产生活中，建筑空间与人们的生活息息相关。我们通常将建筑分为两部分即建筑实体和建筑空间。建筑实体是指建筑的构造构成的实体，包括建筑本身的墙体结构、轮廓造型、细节装饰等，建筑的实体是以物质的形式而存在的。

　　室内空间是指建筑实体的限定与围合产生的空间。空间作为建筑的主体，室内空间设计是对建筑空间的再创造。

　　当我们进入室内，就会有种被空间围护着的感觉，这种感觉来自于室内空间的墙面、地面和天棚所构成的三度空间，同时，它们的尺度、比例、形式、构造还赋予室内空间以空间的建筑品质（见图 4-1、图 4-2）。

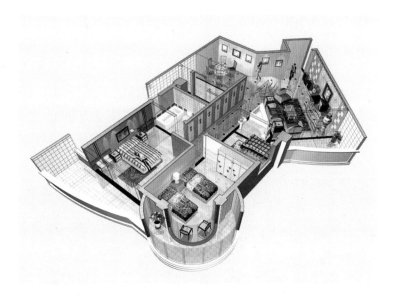

图4-1　室内空间环境

图4-2　某别墅的室内空间

4.1.2　室内空间设计的概念

　　空间是建筑最根本的内涵，也是室内设计最基本的要素之一。墙体和屋顶的建造把空间分割成了两个部分——空间的内部结构和外部结构。室内空间由地面、墙面和顶面三部分围合而成，确定了室内空间大小和不同的空间形态，从而形成室内空间环境。

室内空间构成要素如下。

(1) 地面：是指室内空间的底面。底面由于与人体的关系最为接近，作为室内空间的平整基面，是室内空间设计的主要组成部分。因此，地面设计应功能区域划分明确，在具备实用功能的同时应给人以一定的审美感受和空间感受 (见图 4-3)。

图4-3　旅馆的地面设计

(2) 墙面：是指室内空间的墙面 (包括隔断)。墙面是室内外空间构成的重要部分，对控制空间序列，创造空间形象具有重要的作用 (见图 4-4、图 4-5)。

图4-4　室内影视墙的设计

图4-5　酒店大厅的墙面设计

(3) 顶面：即室内空间的顶界面。一个顶面可以限定它本身至底面之间空间范围，室内空间的上界面，室内空间设计中经常采用吊顶来界定和改造空间（见图4-6）。在空间设计中，这个顶面非常活跃，正由于活跃的顶面因素，为我们提供了丰富的顶面。在空间尺度上，较高的顶棚能产生庄重严肃的气氛，低顶棚设计能给人一种亲切感。但太低又使人产生压抑感。好的顶面设计犹如空间上部的变奏音符，产生整体空间的节奏与旋律感，给空间创造出艺术的氛围。

图4-6　酒店的顶面设计

4.1.3　室内空间的功能

对室内空间进行功能分析是室内空间设计中的首要任务，室内空间应满足人的物质和精神功能需求。

物质功能——满足人们使用上的要求。主要包括合理的空间面积、大小、形状；适合的家具、陈设布置；良好的采光、照明、通风、隔音、隔热等物理环境等。

精神功能——是在满足物质需求的同时，从人的心理、文化需求出发，考虑人的不同的爱好、愿望、意志、审美情趣、民族风格、民族象征、民族文化等，并能充分体现空间形式的处理和空间形象的塑造上，给人以精神上的满足和美的享受（见图4-7）。如研究人在空间中的行动以及人对室内空间秩序、空间实体与虚体在造型、色彩、样式、尺度、比例等方面的信息刺激的感受和不同的空间体验等行为的心理规律，将有助于室内空间艺术氛围的创造。

因此，可以说室内空间的功能要求是室内空间形态设计和空间组织的出发点和归宿。

图4-7　伊斯兰风格的卧室设计

[案例 4-1] 家居空间功能的规划

家居空间功能是室内设计的一项重要内容，也是完成整个室内环境营造的基础（见图4-8）。家居空间是一个有限的空间，设计师就是在这有限的空间里挖掘它的最大容量。使它空间格局更合理，家居环境更温馨和舒适。那么如何才能合理地规划和布置呢？

空间主要分为虚实空间、动静空间和开闭空间。空间的划分因界面的种类不同而有所区别。

有些界面可以把空间范围限定得非常明确，如由地面、墙面和顶面构成的客厅，就是所谓的实体空间；有些界面划分出来的空间范围不明确，其被限定的程度也很小，如沙发围成的视听区，就是所谓的虚拟空间。虚拟空间位于大实体空间之中，又是相对独立的，这样就避免实空间的单调和空旷，也不会让人感觉呆板和闭塞。

在家居环境中，人的生活是有动有静的，人们在喜欢静态空间的同时也需要一些动态的空间来调节和补充。家居空间在结构上有相互联系的一个区域，不同功能空间都有一定的连贯或隔绝，应以各空间的功能性质来定。开敞式空间强调各功能空间的相互连贯和交流，它对空间的限定性小，通透性强；封闭空间强调与外界的隔离，具有明显的安全感和私密性。

在室内空间设计中，既要保证业主对安全性和私密性的要求，又要适当利用开敞的设计，以减少沉闷、压抑感。

家居环境是空间造型、色彩、灯光、陈设、装修材料质地等综合因素完美搭配的结果。家居空间的尺度、比例和虚实程度，对人的视觉、触角效果进行调整，让人置身其中感觉轻松、舒适、自然、温馨而又浪漫。

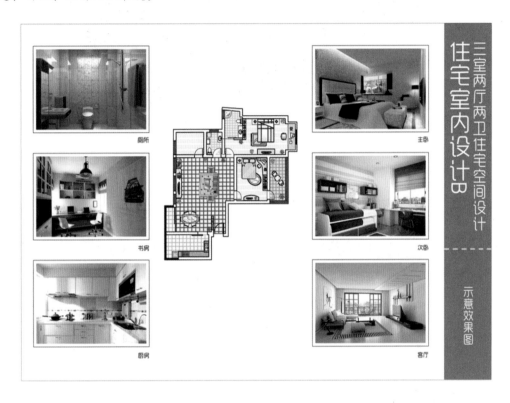

图4-8 家居空间功能设计

4.1.4 室内空间的分类

室内空间的类型取决于人们对丰富多彩的物质和精神的需要。随着科技发展和人们的审美需求意识的不断求新和开拓，必然还会推新其他多样化形式的室内空间。这是我们探讨室内设计空间变化的突破口。

建筑空间有内外空间的区分，室内空间可分为固定空间和可变空间两大类。固定空间是由建筑工地围合空间的墙、顶、地而成的，形成室内的主空间。在固定空间内用隔断、隔墙、家具、绿化、水体等来进行再次空间划分，形成不同的空间，这就是可变空间，即次空间（见图 4-9 至图 4-12)。对不同的空间类型的划分方法，可以使人获得不同的空间要求，并获得其不同的心理感受。

图4-9　室内空间的隔断

图4-10　室内空间的隔墙

图4-11　酒店大堂利用绿化分割空间

图4-12 利用水体划分空间

室内空间环境因存在不同的性质和特点，因此在划分上，也可能根据不同的空间构成形式进行划分及分类。这样更有利于对室内空间环境的划分的系统性和规律化的确立。同时，也有助于我们在设计中的选择与借鉴。

1. 开敞式与封闭式空间

就空间感上讲，开敞式空间（见图 4-13）是流动的、外向的、渗透的、引入的、开放的，它在视觉上能够使人视野扩大，心理上给人带来一种安逸感，易使人触景生情，并取得与外部的沟通；封闭式空间（见图 4-14）则是静止的、稳定的、安全的，它有利于隔绝外来的各种干扰。在使用上，开敞式空间灵活性较大，有利于不断改变室内的布置及效果，可给人带来一种新鲜感；而封闭式空间已从建筑结构上受到制约和限制。

图4-13 开敞式空间

图4-14　封闭式空间

　　开敞式与封闭式的区别主要在于有无垂直界面和垂直界面的形式上。柱廊、洞口、大块落地窗或幕墙是开敞的。相反，以实墙或部分开窗作为界面限定划分的界而被认为是封闭的空间。

　　开敞式室内空间，对环境的限定性小，利用及灵活性强。它可以采用对景、借景、造景等手法，使空间更具表现力，更有趣味性。

　　开敞空间是收纳性的、开放性的；封闭空间则是拒绝性的。所以，开敞式空间更具公共性和社会性（见图4-15)，而封闭空间更带私密性和个体性（见图4-16)。

图4-15　开敞式办公空间

图4-16 相对封闭的餐厅空间

2．固定空间和可变空间

固定空间常是一种经过深思熟虑的使用不变、功能明确、位置固定的空间，因此，可以用固定不变的界面围隔而成。例如：以卫生间、洗衣房或厨房为使用的空间，可作为固定空间（见图 4-17、图 4-18）。而在起居室环境中又可处理、划分使之形成一定的灵活性分隔，即可划分出学习小环境，也可划分出餐厅等使用功能小环境。

图4-17 固定空间(卫生间)

图4-18 固定空间(厨房)

　　此外，在公共室内环境设计中的遗址性博物馆、纪念堂、故居等，也常作为固定不变的空间（见图 4-19)。相反，报告厅、会议室、展厅、体育馆等则有着"一物多用"的功能，它们被认为是多功能化的灵活空间（见图 4-20)。

图4-19 博物馆的内部展示空间

图4-20　会议厅的内部空间

3．静态空间和动态空间

静态与动态空间设计是室内环境设计中较常用的手法。一般静态空间设计给人一种稳定的感觉。设计形式多采用对称式和垂直水平界面处理，空间划分与限定十分严谨、统一、规整。

动态空间则给人一种活泼、运动、欢快、流动的感觉，也可给人带来丰富的联想，甚至是富有戏剧性的环境氛围。

纪念性及政府形象性建筑室内多采用静态空间处理，公共性、商业性、服务性空间采用动态空间设计较多。

会议室、接待室、接见厅较适于前者，而宾馆大堂（见图 4-21）、购物中心、游乐场、歌舞厅（见图 4-22）、居室设计美更适于动态的表现。

图4-21　某宾馆大堂

图4-22　泰国主题KTV的室内空间

4．肯定性和模糊性空间

界面明确，范围清晰、具体，并具有区域感的空间，称为肯定空间。一般私密性强的封闭型空间常属于这类（见图 4-23）。例如：经理室、财务室、客房等，均属肯定性空间。

室内环境设计中凡是属似是而非、模棱两可、界定不清的空间，通常称为模糊空间。这种空间在空间的含意和性质上，常介于两种不同类型的空间之中，如室内与室外之间，开敞与封闭之间等。在空间的位置界定与归属上，也处于两者之间，可此可彼，亦此亦彼，因此构成这部分空间的模糊性、不定性、灰色性、自由性等。模糊空间亦是室内设计中最具弹性的空间，极富表现力。同时，也是室内设计难度较大的空间区域。相反，这种环境空间，亦是设计师最感兴趣的部分。它所起的作用在于对空间建立了过渡、引伸、联系、转换的作用。

图4-23　办公室的室内空间

5．虚拟空间

由于受界面的不同限定，空间创造了不同的感受，一些界面需要把空间的范围限定得非常明确，如通过地面、墙面、顶棚围合成一个完整的空间环境，这种形式的环境被认为是实空间；而另一种界面划分出来的空间范围不明确，其被限定的程度并不大或大空间的层次变化，大环境中的小区域划分都应视其为虚拟空间。例如：一个宾馆大堂中的接待环境空间，休息空间，或者在某一角所形成的酒吧等，均可视其为虚拟空间的处理，这类虚拟空间无论在公共环境设计或居住环境设计中都是较长用的手段 (见图 4-24 和图 4-25)。有用天花表现的，亦有采用地台或隔断表现的手法。

图4-24 虚拟空间——酒店休息区

图4-25 虚拟空间——酒吧吧台

虚拟空间主要作用于人们的心理感受。虚拟空间的另一种作用就是大中见小，多样统一，闹中取静，在公共性环境中开辟一个较为私密的小环境，采用限而有秩的手法，使空间内部性质产生出不同的区域性。

[案例 4-2] 酒店室内空间界面设计

酒店的空间围合元素中，除了墙面、隔断、地面、顶棚外，还包括列柱、栏杆、灯柱、酒吧台以及各种可移动的家具、灯具、陈设、绿化、饰品等。因此，在酒店室内空间的整体规划基本确立后，便要对围合空间的实体进行具体设计，使酒店室内设计得以具体实现。

酒店的室内界面设计，是指对围合和划分空间的实体进行具体设计，即根据对空间的限定要求和对围合与渗透的不同需求，来设计实体的形式和通透程度，并根据整体构思的需要，设计实体表面的材质、色彩、质感，进行表面装饰设计等。酒店界面设计对室内空间环境氛围的营造有直接影响，是酒店整体设计的最主要的部分 (见图 4-26)。

图4-26　酒店大厅界面设计

(1) 分隔空间和组织空间。

酒店空间规划根据不同的使用要求以及空间的趣味性需要，往往用墙、隔断等界面来进行分隔、围合，使其成为多种形态的餐饮空间，并加以巧妙组合。比如，一个大空间的酒店规划往往需要用一些非承重的，同时又有浓郁艺术特点的隔墙、隔断来划分空间，形成错落有致、大小均衡、开敞与私密相结合的多种空间的组合。这些界面除隔墙、隔断外，也有可能是屏风、帐幔、有反射效果的镜面及由绿化组成的围合面等其他形式 (见图 4-27 至图 4-29)。

图4-27 帐幔隔断分隔空间

图4-28 吊顶分割空间

图4-29 酒店木质隔断

(2) 创造环境，体现风格，营造氛围。

墙面、地面、顶棚、隔断、栏杆等界面是组成酒店室内设计环境的主要部分。因此，界面设计的造型、色彩、质感，界面的艺术气质及装饰性，直接影响酒店室内整体效果和气氛。界面是表达构思的载体，也是体现某种风格的载体。不同立意的构思、不同风格的就餐环境，会有不同的空间组合和平面布局，也必然会有不同的界面设计及陈设配置。而不同形式的酒店界面将造就不同意境、不同风格的就餐环境。因此，设计师通过酒店界面设计可以创造出某种构想的环境并体现某种风格，可以营造某种特定的氛围，使餐厅独具特色，使客人在享用美食的同时，感受独特的餐饮文化氛围。图 4-30 所示为酒店的顶棚设计。

图4-30　酒店的顶棚设计

不同民族和不同地域都有各自的文化特征。酒店界面设计要通过各种处理手段来表达和强化餐厅的特色和风格。如伊斯兰风格的室内，多有连续的拱券柱廊，柱子轻巧及天花板上多覆满几何形的装饰纹样，室内常有水体等（见图 4-31 和图 4-32）。

图4-31　伊斯兰风格的酒店大堂

图4-32 伊斯兰风格拱券柱廊

　　如中式风格的酒店界面设计，宜采用中国传统的造型因素 (见图 4-33 和图 4-36)，一般多以红木为主调，色彩深隐，造型庄重、典雅。天花常以复式藻井呈现，雕梁画栋，饰以宫灯相配。墙面以木装修为主，酒店规划时的造型设计常承袭隔扇、槛窗、观景和带有诗文、花鸟的山水等图案的木板墙隔断等形式，并配合匾额题识、悬挂字画、陈设玩器等，共同烘托出一种含蓄而清雅的境界。

图4-33 中式风格酒店的室内界面设计(1)

图4-34　中式风格酒店的室内界面设计(2)

图4-35　中式酒店的室内设计(1)

图4-36 中式酒店的室内设计(2)

4.2 室内界面设计

4.2.1 室内界面设计概述

　　室内界面既是构成室内空间的物质元素,又是室内进行再创造的有机实体。它们的变化关系直接影响室内的分隔、组织、联系和艺术氛围的创造。因此,界面在室内设计中具有重要的作用。从室内设计的整体观念出发,我们必须把空间与界面有机地结合在一起来分析和对待。但是在具体的设计进程中,不同阶段有不同的侧重点,例如在室内空间组织、平面布局基本确定以后,对界面实体的设计就变得非常重要,它使空间设计变得更加丰富和完善。

4.2.2 室内界面设计的概念

　　室内界面,是对室内空间的各个围合面——底面(楼、地面)、侧面(墙面、隔断)和顶面(平顶、天棚)等几部分的使用功能和特点的分析,界面的形状、材质、肌理构成等方面的设计。
　　在具体设计中,因为室内空间功能要求和环境气氛的要求不同,创意构思不同,材料、设备、施工工艺等技术条件不同,界面设计的表现内容和手法也多种多样。例如:表现材质美,强调界面材料的质地与纹理;表现造型和光影美,利用界面凹凸镂空等形态变化与光影变化形成独特效果;表现色彩美,强调界面色彩明暗、冷暖等构成关系(参见图 4-37 至图 4-40)。

99

[案例 4-3] 国家大剧院中庭的界面设计

　　国家大剧院中庭的空间界面设计以大理石等天然石材为主要材料，利用石材的天然纹理和颜色，将空间分割成不同区域和不同层次。同时，利用建筑特有的空间形态，营造出庄重且时尚的空间环境 (见图 4-37 至图 4-40)。当观者沿通道行走时，空间界面的丰富层次使人目不暇接，在欣赏艺术表演的同时，体会到空间的氛围和美感。

图4-37　国家大剧院的室内界面设计(1)

图4-38　国家大剧院的室内界面设计(2)

图4-39　国家大剧院的室内界面设计(3)

图4-40　国家大剧院的室内界面设计(4)

　　因此，界面设计从界面组成角度可分为：顶界面——顶棚、天花设计，底界面——地面、楼面设计，侧界面——墙面、隔断的设计三部分。从设计手法上主要分为：界面造型设计、界面色彩设计、界面材料与质感设计。

界面设计的具体要求：

室内设计时，对顶界面、底界面、侧界面等各类界面的设计应满足安全、健康、实用、经济和美观的要求，具体如下。

无毒性，主要是指装饰材料所散发的气体和有害物质低于核定剂量，并且有无害的核定放射剂量；

耐用性，满足耐久性及使用期限要求；

耐燃性，具有一定的耐燃及防火性能，应尽量采用不燃及难燃性材料，避免采用燃料时释放大量浓烟及有害气体的材料；

保温性、隔热性，必要的隔热、保暖、隔音、吸声性能；

方便性，易于制作安装和施工，便于更新；

美观性，装饰与美观要求；

经济性，经济实用。

4.2.3 顶界面——顶棚设计

顶棚——作为空间的顶界面，最能反映空间的形态及关系。设计者应根据空间的创意构思，综合考虑建筑的结构形式、设备要求、技术条件等，来确定顶棚的形式和处理手法。顶棚作为水平界定空间的实体之一，对于界定、强化空间形态、范围及各部分空间关系有重要作用。

顶界面位于空间的上部，具有位置高、不受遮挡、透视感强、引人注目的特点，因此对空间顶界面的处理，可以使空间关系更明确，增强空间的秩序感、深远感，给人以宏大的气势感，达到突出重点和中心的目的（见图 4-41 至图 4-44）。

图4-41　某大型体育馆比赛大厅的顶棚设计

图4-42　人民大会堂金色大厅的顶棚设计

图4-43　服装店顶界面的设计

图4-44 顶界面的处理把人的注意力引向某个确定的方向(如银幕或舞台)

4.2.4 底界面——地面设计

地面作为空间的底界面,也是以水平面的形式出现。由于地面需要用来承托家具、设备和人的活动,因而其显露的程度是有限的。然而,地面又是最先被人的视觉所感知的,所以它的形态、色彩、质地和图案将直接影响室内气氛。

1. 地面造型设计

地面的造型主要通过地面凹凸形成有高差变化的地面,而凹下、凸出的地面形态可以是方形、圆形、自由曲线形等,使室内空间富有变化。另一种是通过地面图案的处理来进行地面造型设计。地面图案设计一般分为抽象几何形、具象植物和动物图案、主题式(标识或标志等)。地面的形态设计往往与空间、顶棚的形态相呼应,使主要空间的艺术效果更加突出和鲜明。

2. 地面的色彩设计

地面色彩应与墙面、家具的色调相协调,通常地面色彩应比墙面稍深一些,可选用低饱和度、含灰色成分较高的色彩,常用的色彩有:米黄色、木色、浅灰色、褐色、深褐色、暗红色等。

3. 地面的材质设计

地面一般采用比较结实、耐磨、便于清洗的材料,如天然石材(花岗石)、水磨石、毛石、地砖等,也有选用大理石、木地板或地毯等高规格材料来营造室内空间的特色气氛。此外,地面设计除了采用同种材料变化之外,也可以用两种或多种材料进行构成,以此来界定不同的功能空间。

4.2.5 墙面、隔断设计

1. 墙面设计

墙面作为围合空间的侧界面，是以垂直面的形式出现的，对人的视觉影响至关重要。在墙面处理中，大至门窗，小至灯具、线脚、细部装饰等，只有作为整体的一部分而互相有机地联系在一起，才能获得完整统一的效果。

墙面设计最重要的是虚实关系的处理。一般门窗、漏窗为虚，墙面为实，因此门窗与墙面形状、大小的对比和变化往往是决定墙面形态设计成败的关键。墙面的设计应根据每一面墙的特点，或以虚为主，虚中有实，或以实为主，实中有虚，应尽量避免虚实各半、平均分布的设计方法。通过墙面图案的处理来进行墙面造型设计，可以对墙面的图案肌理进行处理，或采用壁画、墙纸、面砖等丰富墙面的设计。此外，还可以通过几何形体在墙面上的组合构图、凹凸变化，构成丰富的立体效果。有时整面墙体用绘画手段处理，效果独特，既丰富了视觉感受，又在一定程度上强化了主题思想（见图4-45至图4-47）。

图4-45 餐厅的墙面设计

图4-46 墙面设计

图4-47　室内墙面设计

一般来说，墙面在室内占有最大面积，其色彩往往构成室内的基本色调，其他部分的色彩都要受其约束。墙面色彩通常也是室内物体的背景色，因此，它一般采用低饱和度、低纯度的色彩，这样不易使人产生视觉疲劳，也可以提高与家具色调的协调性。

[案例 4-4] 墨西哥个性十足的 Anticavilla 酒店

原名称：Hotel Anticavilla by BGP Arquitectura

设计师：BGP Arquitectura

材料介绍：混凝土、钢材、石材、木材、玻璃（其室内墙面设计如图 4-48 所示）

图4-48　墨西哥Anticavilla酒店的室内墙面设计

这家 Anticavilla 酒店坐落在墨西哥莫雷洛斯奎尔纳瓦卡，由 BGP Arquitectura 在一座建于十八世纪的两层老房子基础上改建而成。酒店四周都是茂密的植被，带有花园，风景优美，酒店包括大量卧室、商务中心及水疗中心。

　　设计师根据酒店的室内空间结构，将当代时尚元素融入其中，面朝花园新建了一个包含餐厅的宽敞露台，采用钢柱支撑起混凝土天花板，方便客人在开放式空间中用餐，并可以欣赏到花园的美景。室内装饰风格则充满了个性，比如暴露的墙砖、宽大的落地壁画等。每个房间都以二十世纪的意大利著名画家命名，房间的配色方案也据此设计，充满着各自的特色（见图4-49至图4-54）。

图4-49　墨西哥个性十足的Anticavilla酒店(1)

图4-50　墨西哥个性十足的Anticavilla酒店(2)

图4-51　墨西哥个性十足的Anticavilla酒店(3)

图4-52　墨西哥个性十足的Anticavilla酒店(4)

图4-53　墨西哥个性十足的Anticavill酒店(5)

图4-54　墨西哥个性十足的Anticavilla酒店(6)

2. 隔断设计

室内设计中，常常需要隔断分隔空间和围合空间，它对空间的限定更实用、更灵活，因为它可以脱离建筑结构而自由变动、组合。隔断除了具有划分空间的作用外，还能增加空间的层次感，增加空间中可依托的边界等 (见图 4-55 至图 4-57)。

　　隔断从形式上来分，可分为活动隔断和固定隔断。活动隔断有屏风、兼有使用功能的家具以及可以搬动的绿化等。固定隔断又可以分为实心固定隔断和漏空式固定隔断。采用实心固定隔断来划分空间，使被围合的空间更有私密性；采用漏空通透的网状隔断，使空间分中有合，层次丰富。从材料运用来分，可分为石材砌筑隔断、玻璃隔断、木装饰隔断和布艺隔断等。

图4-55　酒店的隔断设计

图4-56　中式按摩室的隔断设计

图4-57　主题酒店的隔断设计

此外，墙面设计还要综合考虑多种因素，如墙体的结构、造型、墙面上所依附的设备等，更重要的是应该自始至终把整体空间构思、理念贯穿其中。同时，动用一切造型因素，如点、线、面、色彩、材质，选择恰当的设计手法，使墙面设计合理、美观，与室内的整体设计相呼应，并且强化设计主题。

[案例 4-5] 毕尔巴鄂博物馆的室内界面设计

毕尔巴鄂博物馆于 1997 年建成，坐落在西班牙中等城市毕尔巴鄂市，该博物馆是设计师盖里使用一套用于 V 空气动力学的电脑软件逐步设计而成（见图 5-58）。博物馆在建材方面使用玻璃、钢和石灰岩，部分表面还包覆钛金属，与该市长久以来的造船业传统遥相呼应。整座博物馆占地 2.4 万平方公尺，陈列空间有 1.1 万平方公尺，分成 19 个展示厅，其中一间还是全世界最大的艺廊之一，面积为 130 公尺乘以 30 公尺见方。

图4-58　毕尔巴鄂博物馆

　　博物馆的室内设计极为精彩，尤其是入口处的中庭设计，被盖里称为"将帽子扔向空中的一声欢呼"，它创造出以往任何高直空间都不具备的、打破简单几何秩序性的强悍冲击力，曲面层叠起伏、奔涌向上，光影倾泻而下，直透人心，使人目不暇接，百不能指其一。在此中庭下，人们被调动起全部参与艺术狂欢的心理准备，踏上与庸常经验告别的渡口。

　　盖里所设计的毕尔巴鄂博物馆中，通过两个中厅的对比看出这种不同。厅一的各围合界面形式相对规整，从而形成了以空间为主导的视觉感受。厅二的围合界面大量采用了异性曲面，界面之间互相穿插，形成很强的视觉冲击力，相对而言，界面间的空间比较松散，因而形成了界面为主导的视觉感受 (见图 4-59 至图 4-60)。

图4-59　毕尔巴鄂博物馆的室内界面设计(1)

图4-60　毕尔巴鄂博物馆的室内界面设计(2)

一些建筑的结构构件（如网架屋盖、混凝土柱身、清水砖墙等），也可以不加装饰，可作为界面处理的手法之一。

本 章 小 结

通过对本章的学习，理解室内空间和室内界面的概念和功能，设计要求以及装修设计要遵循的原则和要求，掌握不同室内空间和界面的设计原则与设计手法。

思考练习题

1．室内空间的功能有哪些？
2．室内空间的构成要素是什么？种类有哪些？
3．古代包装的特点是什么？
4．界面设计的要求是什么？界面设计的类型是什么？

实训课堂

实训课题："室内设计"的社会调查。

(1) 内容：以"室内空间"为中心，了解室内空间的构成和功能。

(2) 要求：组织学生分为 3 个小组，围绕课题内容分别去当地的室内设计公司开展社会调查。了解室内空间与界面设计的关系。调查报告必须实事求是、理论联系实际；观点鲜明，文理精当，不少于 3000 字；文字中附插图，要求编排形式合理。

第5章
室内色彩与照明设计

学习要点及目标

* 要求掌握室内色彩设计的发展过程，理解室内色彩设计要素、原则及方法。
* 了解室内环境色彩设计的含义与基本要求、色彩设计方法及应用以及室内照明设计等相关知识。
* 学习中把握好本章的难点，即了解室内色彩设计的要素、原则、方法，室内照明设计要求、程序等。

核心概念

室内色彩　环境色彩　室内照明　光环境

本章导读

　　室内色彩设计与照明设计必须符合空间构图原则，充分发挥室内色彩对空间的美化作用，正确处理协调和对比、统一与变化、主体与背景的关系，使人们感到舒适。在室内色彩设计时，首先要定好空间色彩的主色调。色彩的主色调在室内气氛中起主导和润色、陪衬、烘托的作用。形成室内色彩主色调的因素很多，主要有室内色彩的明度、色度、纯度和对比度，其次要处理好统一与变化的关系。有统一而无变化，达不到美的效果，因此，要求在统一的基础上求变化，这样，容易取得良好的效果。为了取得统一又有变化的效果，大面积的色块不宜采用过分鲜艳的色彩，小面积的色块可适当提高色彩的明度和纯度。

　　此外，室内色彩与照明设计要体现稳定感、韵律感和节奏感。为了达到空间色彩的稳定感，常采用上轻下重的色彩关系。室内色彩与光照的变化，应形成一定的韵律和节奏感，注重色彩的规律性。

5.1　室内色彩设计

　　色彩是室内装饰中最重要的因素之一，要注意充分满足功能和精神要求，使人们感到舒适。利用室内色彩，改善空间效果，充分利用色彩的物理性能和色彩对人心理的影响，可在一定程度上改变空间尺度、比例、分隔、渗透空间，改善空间效果。色彩在室内设计中的作用举足轻重，影响着人们的精神感受，只有室内空间色彩环境符合居住者的生活方式和审美情趣，才能使人们感到舒适、安全。

5.1.1　室内色彩的基本概念

　　色彩及其组合所表达的意义是最明确、最直接的，掌握室内色彩的概念，是设计师进行设计的基础。

　　早在远古时期，人类祖先就逐渐开始学会使用色彩，人们会在洞穴、陶器、工具以及自己身体上涂上各种颜色。大约在公元前 15000 年，以洞窟为穴，以狩猎为生的人类先祖在洞穴的石壁和顶棚上运用色彩来描绘与人类生活息息相关的壁画，这可以视为人类最早懂得在自己的生活空间中应用色彩的"设计"，如图 5-1 所示的西班牙的阿尔塔米拉山洞壁画、如图 5-2 所示的法国的拉斯科洞窟壁画等。

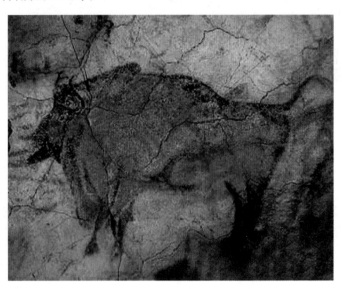

图5-1　西班牙的阿尔塔米拉山洞壁画

图5-2　法国的拉斯科洞窟壁画

　　室内色彩设计是色彩在室内环境中的运用，同时也是环境色彩设计中的一个重要组成部分。色彩作为客观物质在人们视觉中的反映，必将时刻影响人们的生理、心理意识。室内色彩设计是在室内环境设计中，根据设计的具体要求和艺术规律使用色彩，使色彩在室内环境的空间位置以及色彩的相互关系中，按照色彩学的规律进行合理搭配与组织，见图5-3、图5-4所示。

图5-3　宜家家居的样板间总是能突出色彩的重要性

图5-4　黑白色彩的搭配显得房间简洁时尚

　　室内色彩设计需要掌握以下几个与色彩设计相关的规律。

　　(1) 不同的室内空间中的色彩有不同的目的。如卧室色彩设计要沉稳、典雅 (见图 5-5 至图 5-7)；酒店大堂的色彩设计要考虑大多数人的色彩喜好，多选择明亮的中性色调或者黄色调。

(2) 室内色彩设计要根据室内空间的大小、形式进行加强或者减弱。如较小的、狭窄的卫浴空间，应使用明亮的色调，使空间显得相对开敞些。

(3) 室内色彩设计由于使用对象的不同，对色彩的偏好、需求也相应地不同，在色彩设计上也会存在差异。如老年人对室内环境的色彩要求温馨、沉稳、大方，而年轻人则喜欢色彩鲜明、简洁明亮的色彩环境，如图 5-8 所示。

[案例 5-1] 温馨的卧室色彩设计

如图 5-5 至图 5-7 所示的这组温馨的卧室色彩设计采用温暖的淡黄色调，色调没那么高，对比度没那么强烈，给人非常舒适的感觉。

图5-5 温馨的卧室装修(1)

图5-6 温馨的卧室装修(2)

图5-7　温馨的卧室装修(3)

图5-8　白色为主的明亮的色彩设计深得年轻人喜爱

[案例 5-2] 斯德哥尔摩的连锁 YOI Fast Food 餐厅的室内设计

如图 5-9 所示，这是一家位于斯德哥尔摩的连锁 YOI Fast Food 餐厅，是由 Lomar Arkitekter & JVD 精心设计打造的，内饰采用了混合有吸引力的黄 / 绿的色彩和木材，以突出斯堪的纳维亚设计。裸露的天花板和水泥粉，不寻常的定制的家具照明灯具，形成一个有趣的组合。

图5-9　连锁YOI Fast Food 餐厅的室内设计

室内色彩与环境有着密切的关系。不同的周围环境中，室外的景物通过敞开空间的借景，或者室内反射镜的反射，可使室外景色对室内的色彩有一定的影响（见图 5-10），因此在进行室内色彩设计时，不能忽视与周围环境的相互协调。

图5-10　室外景色对室内有一定的影响

5.1.2　室内色彩设计的原则

室内色彩设计包括室内空间各个界面的色彩设计、室内装饰及陈设的色彩设计等。在进行室内色彩设计时应考虑以下几点原则。

1. 充分考虑室内空间的功能需求是室内色彩设计的首要原则

室内色彩设计主要应以满足人们的使用功能需求和精神需求，以使人们在室内空间中感到舒适和愉悦。在室内空间功能要求方面，设计师应仔细分析每个空间的使用性质，如客厅、餐厅、儿童房与老年人的卧室。如图 5-11 所示的老人房的设计，淡雅、令人清静的色彩设计非常适合老年人的居住心理。由于使用功能和使用对象的不同，室内色彩的设计也应当有一定的区别。

图5-11　老年房的淡雅设计

[案例 5-3] 几组儿童房的室内设计

该案例是一组双人儿童房的室内设计，儿童房的设计大多针对儿童的性别，但无论是女孩儿还是男孩儿双人儿童房设计，都应以孩子的兴趣爱好为出发点，那样的双人儿童房设计，才能让孩子们喜欢。

图 5-12 所示为儿童房设计之七彩童年，房间内的吊顶、窗帘、床品和其他家具及装饰品，都采用不同的颜色，为孩子打造一个七彩空间。这样的彩色世界，相信很多小朋友都会喜欢。

图 5-13 所示为儿童房设计之创意的灵感，内嵌式的双人儿童床设计，更合理的利用空间，繁星点点般的梦幻天花板装修，更加凸显出儿童房的无穷创意。儿童房吊顶设计也很有特色，尤其是那别致的吊灯，是主人亲手为孩子设计的，环保又富有想象力。

图5-12 儿童房设计之七彩童年

图5-13 儿童房设计之创意的灵感

如图 5-14 所示，这是名为"蓝色"的儿童房设计，这款简洁而清新的双人儿童房设计，特别适合男孩儿居住。蓝白色的空间纯净得没有一点污染，一只可爱的小狗等候着小王子的入住。这样静谧的色调，给人一种内心的宁静感，让人感觉舒适又贴心。

如图 5-15 所示，这是名为"白雪公主来到"的儿童房设计，双人儿童房设计的墙面是最有特色的，这款儿童房尤其适合那些喜欢白雪公主的小朋友们，森林里的小动物和小矮人们都在翘首以盼白雪公主的到来。居住在这样的童话世界，一切都是那么美好，让孩子无论是在卧室里学习还是休息，都有好心情。

图5-14　儿童房设计之蓝色

图5-15　儿童房设计之白雪公主来到

2. 符合室内空间的构图需要

　　室内色彩的设计要符合室内空间的构图原则，只有这样，室内色彩才能充分发挥室内空间的美化作用，使整个室内空间处在统一与变化、协调与对比、主体与背景相互和谐的关系中，如图 5-16 所示，墙壁为亮度不高的灰色，床铺的颜色虽为亮度相对较高的蓝色，但其亮度也没有太高，两者统一中有对比，非常和谐。如图 5-17 所示，主体色和主要家具的颜色都为深蓝灰色，而少数的摆件陈设为亮白色，不仅提升了客厅的亮度，而且构图错落有致。

图5-16　简约清雅的卧室设计

图5-17　色彩统一中又有区别的客厅设计

在室内色彩设计中，设计师首先要确定室内空间色彩的主色调，主色调的色彩在室内空间的气氛中起着主导、烘托的作用。形成室内空间色彩主色调的因素有许多种，主要有室内色彩的明度、色度、纯度和对比度。在主色调确定后，应当考虑色彩的配置位置，以及分配比例。如果色彩统一而无变化，也不能达到美的效果，因此，室内色彩设计要在统一的基础上有一定的变化。

[案例 5-4] 高端且简约的木质主题室内设计

如图 5-18 至图 5-20 所示的这组图片是以木质为主色调的室内设计，地面、屋顶都是使用木材质铺装而成，窗帘采用与木质材料非常相近的颜色。室内的电视背景墙、沙发都采用明度较低的高级灰，桌子、橱柜等也是以木质材料为主。因此，木质材料在这款室内设计中占有主要地位，衬托出了这款设计高端且简约的主题。

图5-18　简约的木质主题的室内设计(1)

图5-19　简约的木质主题的室内设计(2)

图5-20　简约的木质主题的室内设计(3)

　　为了取得统一而又富有变化的色彩视觉效果，面积较大的色块不宜采用过分鲜艳的色彩，如墙面整体色彩配置；面积较小的色块可适当提高色彩的明度和纯度，如室内装饰、配饰的颜色搭配等，如图 5-21 所示。

　　同时，室内色彩设计要表现出色彩变化的韵律感、节奏感、协调统一，注重色彩设计的规律性，以达到室内空间色彩的稳定感，常采用上轻下重的色彩关系。

图5-21 明度较高的小饰品能够提高整个室内设计的明度

[案例 5-5] 联合利华的办公室设计

办公室是为处理一种特定事务的地方或提供服务的地方，而办公室装修设计则能恰到好处地突出公司、企业文化，同时办公室的装修风格也能彰显出其使用者的性格特征，办公室装修的好坏直接影响整个企业、公司形象。联合利华的办公室设计就能展现出该公司的活泼的企业形象。从如图 5-22 至图 5-24 所示的这几幅图片都可以看出，这些办公室的设计都遵循了"上轻下重"的色彩关系，虽然地面活泼，但屋顶的设计都相对简单，使整个室内空间在活泼中不失稳重。

图5-22 联合利华在瑞士的办公室设计(1)

图5-23　联合利华在瑞士的办公室设计(2)

图5-24　联合利华在瑞士的办公室设计(3)

3．运用色彩的功能性改善空间效果

　　设计师要充分运用色彩的功能性，利用其物理性能以及对人心理的影响效果，可以在一定程度上改变室内空间的尺寸比例、空间分割等，从而改变室内空间的整体视觉效果，如图 5-25 所示。

图5-25 红色座椅的设计不仅满足了使用需要还能使较沉闷的空间变得亮丽起来

4．满足不同的审美需求

符合大多数人的审美需求是室内设计的基本规律。室内色彩设计要充分考虑地域、民族和气候条件等因素对室内色彩设计的影响。不同地域、环境的人们的生活习惯、文化传统、历史沿革不同，人们的审美要求也不尽相同，因此，室内色彩设计既要符合一般的设计规则，还需要考虑不同民族、不同地域环境的特殊习惯和气候条件对室内色彩设计的影响。

5.1.3 室内色彩的协调与色彩结构

室内空间是一个多空间、多物体的构成。室内设计中的色彩设计也需要考虑材料颜色、物体自身颜色、光线等因素对空间的影响。

1．色彩的协调

室内色彩设计的根本问题是色彩的协调问题，这是决定室内色彩效果优劣的关键。就这个意义上说，色彩效果取决于不同颜色之间的相互关系，同一颜色在不同的背景条件下，其色彩效果可以迥然不同，这是色彩所特有的敏感性和依存性，因此如何处理好色彩之间的协调关系，就成为配色的关键问题。

[案例 5-6] 餐厅的色彩搭配 (1)

如图 5-26 所示，正方形木质桌子、搭配木色，蓝色的圆形椅子，直线与曲线的完美结合，使整个空间尽显线条魅力。桌子中间一块白色的方巾，上面放置透明的花瓶，搭配绿色粉色的花，使空间充满了生机。白色小花的咖啡杯，放在桌子上，尽显高雅气质。白色透明的窗帘搭配深灰色的不透明窗帘，使采光性达到了极致。白色木质窗扇，典雅中透出古朴的淡雅气息，窗扇上的金属挂钩，又增添了整体的收纳性。远处拱形门中，粉红色的窗帘，色彩的艳丽与工作间的淡雅气息形成鲜明的对比，突显个性。

图5-26　餐厅的色彩搭配

[案例 5-7] 餐厅的色彩搭配 (2)

　　如图 5-27 所示，柠檬黄的墙壁，给人青春活力的感觉，彰显年轻人热情奔放的特点。而深木色的餐桌和椅子又展现出日本人固有的宁静和淡雅，古朴气息浓郁。深木色的餐具，圆润的线条，搭配木色方方正正的餐桌，整体线条流畅。手工编织的竹制小筐用来装水果等物品，增添了整体的自然气息。而碎花图案的窗帘，更使自然气息弥漫整个装饰空间。

图5-27　餐厅的色彩搭配

视觉器官按照自然的生理条件，对色彩的刺激本能地进行调剂，以保持视觉上的生理平衡，并且只有在色彩的互补关系建立时，视觉才得到满足而趋于平衡。如果我们在中间灰色背景上去观察一个中灰色的色块，那么就不会出现和中灰色不同的视觉现象。因此，中间灰色就同人们视觉所要求的平衡状况相适应，这就是考虑色彩平衡与协调时的客观依据。

色彩协调的基本概念是由白光光谱的颜色，按其波长从紫到红排列的，这些纯色彼此协调，在纯色中加进等量的黑或白所区分出的颜色也是协调的，但不等量时就不协调。例如米色和绿色、红色与棕色不协调，海绿和黄接近纯色是协调的。在色环上处于相对地位并形成一对补色的那些色相是协调的，将色环三等分，造成一种特别和谐的组合，如图 5-28 所示。

图5-28 看起来色彩非常和谐的室内设计

色彩的近似协调和对比协调在室内色彩设计中都是需要的，近似协调固然能给人以统一和谐的平静感觉，但对比协调在色彩之间的对立、冲突所构成的和谐关系却更能动人心魄，关键在于正确处理和运用色彩的统一与变化规律。和谐就是秩序，一切理想的配色方案，所有相邻光色的间隔是一致的，在色立体上可以找出 7 种协调的排列规律。

[案例 5-8] 古典与现代相结合的餐饮店店面设计

如图 5-29 和图 5-30 所示的店面设计存在着古典与现代相结合的特质，颜色的对比体现了混搭的魅力，但是，在整体的色调上，设计师又有了非常强的掌控能力，正确处理了色彩的统一与变化，在整个店面的设计中，突出了主体的深灰色，加重了深灰与蓝色的对比，和谐中的对比显得更加具有秩序感。

图5-29　古典与现代相结合的餐饮店店面设计(1)

图5-30　古典与现代相结合的餐饮店店面设计(2)

2. 室内色彩结构

色彩在室内构图中常可以发挥特别的作用。由于室内物件的品种、材料、质地、形式和彼此在空间内层次的多样性和复杂性，室内色彩的和谐与统一，显然居于首位。从色彩结构角度来说，室内的色彩可区分为三个主要部分：作为大面积的色彩，对其他室内物件起衬托作用的背景色；在背景色的衬托下，以在室内占有统治地位的家具为主体色；作为室内重点装饰和点缀的面积小却非常突出的重点或称强调色。

(1) 背景色。如墙面、地面、天棚等室内空间，它占有极大面积并起到衬托室内一切物件的作用。因此，背景色是室内色彩设计中首要考虑和选择的问题。不同色彩在不同的空间背景上所处的位置，对房间的性质、心理知觉和感情反应可以造成很大的不同。

[案例 5-9] 大气的办公区室内设计

　　该案例是某办公区的室内设计 (见图 5-31 至图 5-33)，走廊成为马路，座位区成为草坪，用灰、绿、白构筑的主要色彩给人大气的感觉，这也成为企业性质的标志，试想一下，人们坐在草坪上办公是何等的舒适。白色给人空旷的感觉,使人觉得工作起来不会过于压抑。总之，该设计非常符合现代人对于办公区设计的期许。

图5-31　大气的办公室室内设计(1)

图5-32　大气的办公室室内设计(2)

图5-33　大气的办公室室内设计(3)

(2) 主体色。主要是指大部分家具、大型室内陈设的大面积色块。如衣柜、橱柜、沙发、桌面、大型雕塑或装饰品的色彩。主体色的配色方案有两种，首先，形成对比，选用背景色的对比色或背景色的补色作为主体色；其次，形成协调，选择同背景色色调相近的颜色作为主体色。

[案例5-10] 某餐厅室内设计的色彩搭配（见图5-34）

黑色的椭圆形木桌，圆润的造型，尽显温馨舒适。白色坐垫的椅子，黑色的金属支架，黑白搭配，尽显高贵典雅的气息。木色的椭圆形杯垫，复古的造型，又散发出迷人的古日本的气息，将清新淡雅的日式风情与现代的高贵典雅完美融合。黑色蓝色图工藤色彩的地毯，毛茸茸的样式，温暖舒适，搭配黑色的餐桌和白色的椅子，仿佛置身宫廷中，尽显高贵。

图5-34　某餐厅室内设计的色彩搭配

(3) 点缀色。主要是指小型家具、织物、灯具、艺术品等其他软装饰的色彩。点缀色在室内色彩的作用在于打破单调的环境，创造戏剧化的效果，图5-35、图5-36都体现了小装饰品能够凸显室内设计的淡雅。

背景色、主体色、点缀色三者之间，背景色是室内的主基调，可以看作室内色彩的舞台。背景色的应用必须合乎室内的功能，按照不同的室内功能通常使用低纯度的色彩，以增加空间的稳定感。主体色是室内色彩的主旋律，决定了环境气氛，体现了室内的性格。

图5-35 小装饰品能够凸显室内设计的淡雅(1)

图5-36 小装饰品能够凸显室内设计的淡雅(2)

[案例 5-11] 某客厅的色彩搭配

如图 5-37 所示的这一张客厅软装的设计主要选择了咖啡色系和大地色系作为了主色调。咖啡色属于中性暖色色调,它优雅、朴素,庄重而不失雅致。它摒弃了黄金色调的俗气,又或是象牙白的单调和平庸。看起来使整个空间充满一种古朴、庄重的感觉。黄色,可爱而成熟,文雅而自然,黄色还对健康者具有稳定情绪的作用。黄色,会让人有一种慵懒的感觉。

图5-37　客厅色彩的选择

以什么为背景色、主体色和点缀色是室内色彩设计首先要考虑的问题。不仅要考虑三者之间和谐统一的关系，又应考虑三者之间的对比关系，可以使用多种色彩交叉的方法使色彩统一中有变化。

5.1.4　室内色彩的设计方法

在学习室内色彩的设计方法之前，我们应该考虑以下几个问题。

首先，室内色彩的主调体现了室内色彩的性格与气氛。

所采取的一切方法，均为达到此目的而做出选择的决定，应着重考虑以下问题：主调的选择是一个决定性的步骤，需要与空间的主题非常贴切，即通过什么样的色彩表达什么样的感受。

[案例 5-12] 北京香山饭店

北京香山饭店为了表达如江南民居的朴素、雅静的意境，和优美的环境相协调，在色彩上采用了接近无彩色的体系为主题（见图 5-38 至图 5-40)，不论墙面、顶棚、地面、家具、陈设，都贯彻了这个色彩主调，从而给人统一的、完整的、深刻的、难忘的、有强烈感染力的印象。

图5-38　北京香山饭店的室内设计(1)

图5-39　北京香山饭店的室内设计(2)

图5-40　北京香山饭店的室内设计(3)

如果将主调确定为无彩系，那么设计者绝对不应再迷恋五彩缤纷的各种织物和用品，而应该将黑、白、灰这种色彩用到平常不常用该色调的物件上去。这就要求设计者摆脱世俗的偏见和陈规，所谓"创造"也就体现在这里。

其次，大部分色彩要协调统一。主调确定之后，就应该考虑色彩的施色部位及其比例。主色调应该占有较大比例，次色调应该占较小比例。

再次，加强色彩的魅力。在室内设计中，背景色、主体色、强调色三者之间的色彩关系并不是孤立的，而是有某种视觉关系的，因此在做到三者和谐统一的基础上，应该丰富多彩。

室内设计是一个由多物体构成的多空间设计，室内设计中的色彩设计有以下几种方法。

1. 色彩对比

两种相邻的色彩与单独的色彩对比相比较，会产生不同的感觉，这就是色彩的对比。色彩的对比可分为连续对比和同时对比。

连续对比是指，当两种不同颜色被人先后看到时，两者的对比就是连续对比。在室内表现为，一个空间区域内不同色彩的连续对比。连续对比属于色彩时才适应范畴，单一的色彩连续对比将使人产生视觉疲劳感。

同时对比是指，同时被看到的两种颜色的对比。如冷暖对比、色相对比、明度对比等。在色相对比中，原色与原色、间色与间色对比时，各个颜色都有沿色相环向相反方向移动的倾向，如室内的红色与黄色对比时，红色倾向于紫色，而黄色倾向于绿色。当冷色与暖色对比时，暖色更暖，冷色更冷。当色彩的明度发生对比时，明的颜色更亮，暗的颜色更暗。

[案例 5-13] 现代室内设计的色彩搭配（见图 5-41 至图 5-43)

案例中的室内色彩主要是黑、白、灰三色的搭配，黑与白的对比过于强烈，所以设计师选择了用灰色作为过渡色，协调了黑与白的对比。该设计简约大方，可谓是一个时尚的案例。

图5-41　色彩搭配统一中有对比的室内设计(1)

图5-42　色彩搭配统一中有对比的室内设计(2)

图5-43　色彩搭配统一中有对比的室内设计(3)

2. 色彩调和

色彩的配置问题是室内色彩设计中的关键问题，也是最根本的问题。单独的颜色没有美与丑之分，只有色彩搭配是否合理的问题，色彩效果取决于不同颜色之间的相互关系。由此可见，调和色彩是室内色彩设计的关键，图 5-44 体现了色彩调和在室内设计中的重要性。

图5-44　背景色在室内设计中占有重要作用

在设计的过程中可以通过选择主色调、利用色调的连续性进行色彩的调和。

主色调调和。上文讲述了主色调在室内设计中的作用，主色调调和的色彩设计方法就是将主色调作为室内设计的基调来设计室内的界面色、灯光色和物体的表面色。在色彩设计中，常选用同类色来完成配置构成，以营造室内空间的温馨或者浪漫的氛围。

色彩连续调和。使用过渡色进行色彩与色彩之间的调和，使他们保持一种有机的内在的联系，避免色彩的孤立，使色彩环境具有节奏和层次感。

色彩平衡调和。色彩平衡主要是指视觉和心理上的平衡。比如，室内色彩如果以对比较弱的灰色为主色调，那么在整个室内空间中，应该选择一种色彩对比相对强的进行调和。

3．色彩的应用

将室内的色彩协调统一是室内设计的首要任务。在室内设计的色彩应用部分，主要有背景色的应用、主色调的应用和点缀色的应用。

(1) 背景色的应用。在上文中，我们指出了背景色的概念和主要应用范围。背景色的应用主要体现在地面颜色和墙面颜色上。墙面颜色占据了室内色彩环境的一半甚至以上，直接影响了室内空间的色彩环境，如图 5-45 所示。墙面颜色通常使用淡雅的颜色，并同时考虑与家具的协调与对称。在室内环境色彩设计中，米白、奶白是经常使用的颜色。地面颜色通常使用明度较低的色彩，当然，如果室内空间较小，选择明度相对高一点的颜色会使室内空间显得明亮一点。

图5-45 可以影响整个室内风格的墙面及地板的背景色设计

(2) 主色调的应用。室内空间的性格、冷暖通常通过主色调来体现，对于空间较大的室内空间，主色调应该贯穿整个空间，在此基础上才考虑室内空间的局部和其他部位，如图 5-46 所示。

图5-46 主色调与背景色的调和

(3) 点缀色的应用。上文已经简要介绍了点缀色的特点。点缀色是室内重点装饰和点缀的局部色彩，这些色彩面积较小且十分突出。通过点缀色可以突破室内色彩环境的沉闷与呆板，如图 5-47 所示。

图5-47　点缀色能够让室内设计更加活泼

🌸 5.1.5　室内色彩的设计原则

室内色彩设计在室内设计中起到非常重要的作用，可以改变或创造室内设计的整体感觉，会给人带来视觉上和体验上的享受。有研究表明，人进入一个空间之后，最初几秒的印象完全来自色彩带给他们的感觉。因此可以看出，色彩对人产生的印象至关重要。室内色彩设计包括室内空间各个界面的色彩设计、装饰及家具的色彩设计，在室内设计中也要遵循一定的原则。

首先，功能性原则。建筑分为居住建筑和公共建筑。居住建筑主要是为了住户生活起居而建造的空间，因此，对于起居建筑，首先要满足住户在住宅中休息、就餐、会客的基本功能。应该让人们在这个空间中感到舒适。以客厅为例，它是家庭活动的中心，因此要亮丽、丰富，使人感觉充满活力。卧室是休息和睡眠的地方，色彩就应该营造出舒适、宁静的氛围；餐厅的色彩则宜用明亮的色彩以表现餐厅的情节。同时，在进行不同功能的房间的色彩选择时，还应该顾全大局，使各个房间的色彩与整体色彩相呼应、相协调。除了居住建筑，还有公共建筑。公共建筑的室内空间是公众生产、消费的场所，包括商业办公空间、餐饮空间、文化教育空间、娱乐休闲空间等。同样，在色彩设计时，也应充分考虑不同空间的特殊使用功能，进行总体把握。例如：办公空间的色彩通常采用纯度低、明度高且具有安定性的色彩，以满足工作需要，有利于提高工作效率；餐饮空间的色彩处理一般选择明亮活泼的色调，营造欢快喜悦的氛围，激发食欲等。

　　总之，不同的空间有着不同的使用功能，色彩的设计也要随着功能的差异而做相应变化。

[案例 5-14] 倚山读书——墨西哥儿童图书馆与文化中心设计

　　项目名称：Niños Conarte

　　设计单位：Anagrama Studio

　　设计师：Mike Herrera，Gustavo，Sebastian Padilla

　　蒙特雷是墨西哥第三大城市，这里有美丽的山景和雄厚的工业文明。城市中心的一个工业遗址被改建成为一个综合性公园，里边包括花园、博物馆、会展中心、礼堂、主题公园和文化场馆等。Anagrama Studio 被委托设计一个儿童图书馆与文化中心。改建在一个仓库中进行，而现代的设计并没有降低原有的工业氛围，而是从另外一个层面增强了它的工业感。

　　设计师希望给孩子们创造一个空间，创造一个让孩子爱上读书、爱上学习的空间。而改建的仓库是始建于 1900 年的巨大钢铁厂和铸造厂，是一个国家的文化遗产。设计师需要保留这些难得的历史遗产。因此改造需要考虑建筑物的不可触摸的性质，并在某种程度上得到升华。

　　儿童图书馆与文化中心的室内设计，首先采用了鲜艳的色彩来激活孩子们的视觉。玫红色的屋顶和蓝色的管道线路让进入中心的孩子眼前一亮，也增加了空间的现代感。同时屋顶裸露的钢铁支架，青砖的墙面、古老的木门以及灰色的地毯 (见图 5-48 至图 5-50)，充分保留空间的工业感和历史感，并保持了图书馆应有的严肃安静。

图5-48　墨西哥儿童图书馆与文化中心

图5-49　霓虹灯画梁

图5-50　文化中心和剧院

其次，整体统一的原则。

在室内设计中色彩的和谐性就如同音乐的节奏与和声。在室内环境中，各种色彩相互作用于空间中，和谐与对比是最根本的关系，如何恰如其分地处理这种关系是创造室内空间气氛的关键。色彩的协调意味着色彩的基本要素即色相、明度和纯度之间的靠近，从而产生一种统一感，但要避免过于平淡、沉闷与单调。因此，色彩的和谐应表现为对比中的和谐、对比中的衬托（其中包括冷暖对比、明暗对比、纯度对比）。

色彩的对比是指色彩明度与彩度的距离疏远，在室内装饰过多的对比，则使人眼花而不安，甚至带来过分刺激感。为此，掌握配色的原理、协调与对比的关系在此显得尤为重要。缤纷的色彩给室内设计增添了各种气氛，和谐是控制、完善与加强这种气氛的基本手段。

[案例5-15] 空间的温度——AND上海同余设计办公室设计

设计公司：上海同余室内设计有限公司

项目名称：上海同余设计办公室

设计师：王晓丹、闫振海

在这个充斥着喧嚣与浮躁的时代，设计师希望营造一个宁静内敛的空间，让人们能沉静下来，优雅地冥想。因此设计师给空间选择了一个灰度，让人们步入的瞬间就安静下来，进入冷静的自我空间(见图5-51、图5-52)。

会客接待区的布置犹如家里的客厅，摆放着禅意的家具，并将艺术品点缀其中，背景墙用色彩缤纷的浮雕装饰画来装饰，让该空间活泼灵动，充满生气。同时避免空间的局限性，为了让其更开敞灵动，设计师在会客区与会议室间采用了全开启的落地玻璃门来间隔，既可以封闭，又可以开敞，创造多功能的空间。会议时员工可以在这里畅谈工作，分享设计。休息时员工可以在此品茶、话家常。

图5-51　AND上海同余设计办公室设计(1)

进入开敞办公室，展现在眼前的是一个有着冷峻温度的灰色办公空间。配合以简单硬朗的线条，黑白分明的摄影，时尚新颖的灯具，让设计师在这沉静的虚实相映的空间里激发灵感、安静地创作，为着自己的理想迸发出独具创意的设计理念，设计出最高品质的作品。

图5-52　AND上海同余设计办公室设计(2)

再次，改善空间效果的原则。

设计师在进行室内的色彩设计时，应该充分考虑色彩的功能性，利用其物理特性对人的心理产生影响，这样，可以在一定程度上改变室内的空间分割带给人的负面情绪。例如，当起居室的空间过高时，可以使用空间近感色，以减弱空间的视觉空旷感，提高其亲密感。

最后，符合空间构图需要的原则。

室内色彩配置必须符合空间构图的需要，充分发挥室内色彩对空间的美化作用，正确处理协调和对比、统一与变化、主体与背景的关系。在进行室内色彩设计时，首先要确定好空间色彩的主色调。色彩的主色调在室内气氛中起主导、陪衬、烘托的作用。形成室内色彩主色调的因素很多，主要有室内色彩的明度、纯度和对比度，其次要处理好统一与变化的关系，要求在统一的基础上求变化，这样，容易取得良好的效果。

为了取得统一又有变化的效果，大面积的色块不宜采用过分鲜艳的色彩，小面积的色块可适当提高色彩的明度和纯度。此外，室内色彩设计要体现稳定感、韵律感和节奏感。为了达到空间色彩的稳定感，常采用上轻下重的色彩关系。室内色彩的起伏变化，应形成一定的韵律和节奏感，注重色彩的规律性，否则就会使空间变得杂乱无章，成为败笔。

[案例 5-16] 挪威的卑尔根国际艺术节办公室的室内设计 (见图 5-53 至图 5-55)

20 世纪中叶的基本办公空间所定义的模式是要追求在确定的空间内，容纳最多的工作人员，最大限度上提高生产率，很多时候，同事在办公室里几乎都能肩并肩。其结果是，这样典型的办公室运作与空间的基本功能几乎在全球都沿用了起来，人、纸、文件和流程穿梭于办公室的各个角落，但物理的空间却未曾发生改变。挪威的卑尔根国际艺术节办公室此次由 Arild Eriksen 和 Joakim Skajaa 设计，极简的办公空间引发了一场独特而有趣的办公新模式。

暖和的色彩加整洁的空间，感觉一切琐碎的工作都能变得整齐划一。这就是这个室内设计的优秀之处。

图5-53　卑尔根国际艺术节办公室的室内设计(1)

图5-54　卑尔根国际艺术节办公室的室内设计(2)

图5-55　卑尔根国际艺术节办公室的室内设计(3)

5.2　室内照明设计

室内照明是室内环境设计的重要组成部分，室内照明设计要有利于人的活动安全和舒适的生活。在人们的生活中，光不仅仅是室内照明的条件，而且是表达空间形态、营造环境气氛的基本元素。随着科技的发展、社会的进步和人类对高层次文明的追求，现代建筑不仅重视室内空间的构成，更重视室内环境及人的感官对照明灯具及照明效果的艺术要求。人工照明已不再是简单的空间照明工具，而是把照明灯具、照明效果与现代艺术相结合，在建筑中起到装饰环境和美化环境的作用，如图 5-56 所示。

图5-56　室内设计的灯光设计

🌸 5.2.1　照明的分类及光与室内的关系

照明分为自然光照明和人工照明。

自然光照明：在对室内进行最初设计的阶段，一般都要先考虑窗户的位置，这就是在不影响建筑轮廓和风格特点的情况下，合理地设计窗户的大小和位置，全面地解决自然光照明问题。在这个过程中，必须考虑到一天内各个时间段中所有空间块面的光线效果，对漫射的自然光要加以控制；为了防止阳光直射，可采用百叶窗、纱窗等进行遮挡。

人工照明：人工照明的设计是整个室内设计的关键，在进行照明设计的过程中，既要满足功能需要，也要使室内空间形成特定的色调和气氛，创造出各种不同的空间视觉美感。人工灯光照明艺术不仅能够弥补自然光的时差性缺陷，而更重要的是能营造室内空间的艺术气氛，满足人视觉功能的特殊要求。

[案例 5-17] Noe Duchaufour - Lawrance 的灯光设计

Noe Duchaufour - Lawrance ——法国著名室内设计师、专业家具设计师，毕业于法国应用美术高等学校金属雕刻专业、巴黎装饰美术学院家具专业。艺术世家出身，父亲是法国知名雕塑家，自幼接受专业的艺术熏陶和技艺训练。2002 年获得 Tatler 餐厅最佳设计奖。

2003 年，他在伦敦设计的斯凯奇 (Sktech) 餐厅被《Time out》等多家杂志授予最佳设计奖。2005 年，塞德伦斯 (Senderens) 餐厅 (见图 5-57) 在食品大赛中被评为"心目中最佳餐厅"，他被誉为年度奢侈品设计天才。2007 年获得巴黎家居装饰博览会最佳年度设计师称号。

Lawrance 的作品明显带有法国"新艺术"的浪漫色彩，以及来自巴黎时尚前沿的现代设计潮流。他喜欢淡化室内设计与室外设计的区分，从而营造出混搭风格的家具设计氛围。另外，他也喜欢功能性、简约的设计风格。他一直在科技与文化的平衡交织点寻找新的材料来表达设计理念 (见图 5-58、见图 5-59)。他说："我希望能在将来的某个项目中，能挑战材料的极限，甚至运用水或光来进行我的设计创作。"

图5-57　塞德伦斯(Senderens)餐厅

图5-58　Noe Duchaufour - Lawrance
的灯光设计(1)

图5-59　Noe Duchaufour - Lawrance 的灯光设计(2)

光和室内空间有着非常密切的关系，在室内空间中通过设计光量的多少、光强的明暗等技法可使室内光环境出现种种变化，从而引发出相应的环境视觉效果。在室内空间中光环境创造出的这些效果要受时间的影响。另外，受饰面材料的影响，当材料表面粗糙时，它会吸收光，光环境显得灰暗，室内空间显得缩小；相反，当材料表现光滑时，它会反射光，光环境显得明亮，室内空间显得扩大。另外，从主观方面考虑，室内空间和光环境还要受人们视觉状态的影响，通常人们的视线不断地变化，眼睛看到的室内空间和光环境也相应地变化，因此，由不同的光环境创造出的视觉效果不会相同。

[案例 5-18]　龙卷风·乌克兰 Twister 餐厅的照明设计

　　本案例为龙卷风·乌克兰 Twister 餐厅的照明设计。瓦西里布坚科设计团队在基辅完成了内部餐厅的设计，在那里你可以一边像鸟宝宝一样下降，一边喝着鸡尾酒，或在有龙卷风顶部样式的晚宴上体验。这家餐厅可以被归类为现代欧洲风格，并提供了一个厨房风格的菜肴。而这家餐厅空间设计的主要目的是创造一个自然、现代和舒适的环境。餐厅设有两个区域：一个两层的餐厅部分和休闲酒吧区（见图 5-60 至图 5-63）。

图5-60　龙卷风·乌克兰Twister餐厅照明设计(1)　　图5-61　龙卷风·乌克兰Twister餐厅照明设计(2)

图5-62　龙卷风·乌克兰Twister餐厅照明设计(3)　　图5-63　龙卷风·乌克兰Twister餐厅照明设计(4)

案例摘自：http://www.alighting.cn

5.2.2　照明在室内设计中的运用

近年来，随着人们对于生活水平的要求日益增高，灯光照明作为室内装饰设计的一项要素，其重要性有了显著的提高。人们对于灯光的要求不只是实用性，而已经上升到要整体考虑的基本要素。

照明作为一种装饰手段，在具有艺术性的同时，也应注重实用性。居室中的各个不同功能的房间，对照明的要求会有所不同。设计师首先要考虑照明设计是否能满足居室的功能要求，如图5-64所示的谷歌的照明设计，代表高科技的蓝色和绿色正好能体现出这个企业的文化。

灯光照明有助于表达情感，也可以为场景提供更大的深度，展现丰富的空间层次，如图5-65所示为酒店设计。因此，在为场景创建灯光时，你必须要考虑到，要表达什么基调；你所设置的灯光是否增进了故事的情节；做空间照明时，要根据各个房间和空间块面的特殊情形来进行照明布置。

图5-64　谷歌数据中心的色彩设计

图5-65　蒙特利尔酒店的灯光设计丰富了空间

光是一种语言，向我们述说设计师的设计理念和艺术追求；光是隐形的软件，控制城市和建筑的功能运作及形象和色彩的演示；光是设计工具，也是建筑材料，设计师可以用它编织理想，展示才华。还有人说："光是建筑的第四维空间"，光是建筑空间三维创作之外的另一个广阔的天地。

照明在室内空间中的作用如下。

首先，照明能够满足基本照明需求。现代室内照明设计，首先是要保证室内的明亮程度，也就是要求照度标准、受光物件的亮度、亮度对比等。不同的场合对照明的亮度有不同的要求。

如图 5-66 所示，这是加拿大蒙特利尔艺术广场休息厅。其空间本身是一个目的地，也是温馨的音乐和社会交际的场所。红色无所不在，与演艺首映夜、打节奏的音乐和艺术成为城市文化的象征。多用途的空间，配备了最新的技术和完善的设施。目的是让每一场音乐会永葆神奇的感觉。照明部分由 lightemotion 照明设计公司完成。

图5-66　加拿大蒙特利尔艺术广场休息厅

其次，照明能够营造室内的环境气氛、通过对光的色彩、强弱、冷暖等特性的把握可以营造不同的室内环境和气氛，来表达不同空间的用途和功能。

再次，照明能够丰富空间层次。合理照明方式的选择可使光强调空间主次关系，突出空间层次，界定空间区域和范围。

最后，照明能够起到引导作用，如酒店、办公楼、机场等公共空间，连续的光线可以循着一定的方向对人加以引导。

[案例 5-19]　无锡灵山二期梵宫的室内照明设计（见图 5-67、图 5-68)

为实现梵宫和圣坛的使用功能和展示建筑的精美装饰，弘扬博大精深的佛教文化，我们对梵宫和圣坛的灯光进行了精心的设计，无论是在最新照明科技的应用上，还是在照明节能方面都进行了细致的规划，在每一个空间都根据使用的功能要求和装饰布置配光精确的照明器，并采用了国际一流的照明产品，应用了智能化的照明控制系统，比较理想地达到了以高科技照明手段表现梵宫和圣坛室内空间舒适、华美、辉煌的视觉效果。

图5-67　无锡灵山二期梵宫的室内照明设计(1)

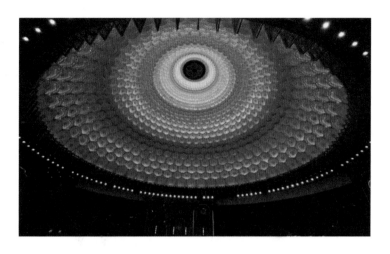

图5-68　无锡灵山二期梵宫的室内照明设计(2)

5.2.3 不同室内空间的照明设计

　　客厅，又名起居室，是人们主要的活动场所。客厅的功能较一般房间复杂，活动内容也丰富。为此，它的照明设计也应该灵活多变（见图 5-69 和图 5-70）。如果客厅内活动的人多时，可采用全面照明和均散光；看电视时，座位后面宜有一些微弱的照明；读书时，人的右后上方应该设光源，以避免纸面反光影响阅读，如果客厅内有挂画、盆景、雕塑等可用投射灯加以照明，以加强装饰的气氛；书橱和摆饰可采用摆设的日光灯管或有轨投射灯；在电气功能设置的合理性方面，客厅的照明开关应采用双控或多控调光开关，以随时调节灯光。

图5-69　现代客厅的照明设计

图5-70　客厅的辅助照明设计

　　餐厅的照明主要应该能够起到刺激人的食欲的作用。在空间比较大的餐厅中，应该选择照度较高的灯具；如果空间较小，设计照度应低一些，营造一种幽雅、亲切的气氛。

　　厨房一般较小，油烟大，水汽多。因此，应选用易清洗、耐腐蚀的灯具。除在天花板或墙上设置普通照明外，在切菜配菜部位可设置辅助照明（见图5-71)，一般选用长条管灯设在边框的较暗处，光线柔和而明亮，利于操作。

图5-71　厨房的照明设计

　　卧室照明也要求有较大的弹性，尤其是在目前一部分卧室兼作书房的情况下，更应有针对性地进行局部照明（见图5-72)。睡眠时室内光线要低柔，可以选用床边脚灯；穿衣时，要求匀质光，光源要从衣镜和人的前方上部照射，避免产生逆光；化妆时，灯光要均匀照射，不要从正前方照射脸部，最好两侧也有辅助灯光。

　　卫生间，常在屋顶设置乳白罩防潮吸顶灯，在洗脸架上放一个长方形条灯。另在卫生间外门一侧设脚灯，便于在夜间上厕所使用。

　　门厅、走廊和阳台，门厅一般设置低照度灯光，可以采用吸顶灯、筒灯或壁灯；走廊的穿衣镜和衣帽挂附近宜设置能调节亮度的灯具。阳台是室内和室外的结合部，是家居生活接近大自然的场所。

图5-72 卧室的照明设计

空间照明艺术不仅直接影响到室内环境气氛，而且对人们的生理和心理产生影响。空间照明，应根据室内空间环境的使用功能、视觉效果及艺术构思来设计。好的光照质量，不仅能表现空间，调整空间，还能"创造"空间。因而现代室内的光照环境设计通过运用光的无穷变幻和颇具魅力的特殊"材料"来创造、表现、强调、烘托空间感，所取得的多层次性效果是其他手法所无法替代的。

[案例 5-20] 水月周庄样板房的照明设计

本案例为水月周庄样板房的照明设计（见图 5-73、见图 5-74）。正如喧嚣的世界需要宁静，单调的空间也需要色彩。在色度里寻找现代简约生活，是很多白领人士所孜孜以求的。简约能给心灵腾出更多的空间去点缀色彩，而光影的流转能让色彩变得更加丰富，更加契合人的心灵需求。或视觉享受，或精神抚慰，色彩与光影的完美缔合，是一剂缓释生活压力的良药，是一杯午后白烟袅袅的热茶……

图5-73 水月周庄样板房的照明设计(1)

图5-74　水月周庄样板房的照明设计(2)

本 章 小 结

　　色彩是装饰上最具有实际意义的因素之一，许多装饰效果都是通过色彩所呈现的。不同的色彩能够达到不同的装饰效果，也能给人带来不同的心理感受。照明设计亦是室内设计的重要组成部分。两者在进行设计之初就要加以考虑，以便完成一个优秀的室内设计作品。

思考练习题

　　1. 请用实例分析色彩设计在室内空间中的重要性。

　　2. 照明设计在设计空间中的重要作用有哪些？可用实例说明。

　　3. 室内色彩的设计方法有哪些？

实训课堂

　　实训课题：制作一个酒店大厅的色彩效果草图。

　　(1) 内容：制作一个酒店大厅的色彩设计草图，以 tif 的格式呈现。

　　(2) 要求：学生以个人为单位，设计制作一个酒店大厅的色彩设计草图，在设计的过程中可以通过室内空间反映酒店大厅的主要特色。

第6章

室内家具与陈设设计

学习要点及目标

* 要求掌握室内家具的选用原则。
* 了解室内陈设的布置特点。
* 掌握不同环境的室内家具的不同选择方法。

核心概念

室内家具　室内陈设　室内设计

本章导读

　　室内设计是人类创造和提高自己生存环境质量的活动，随着人类改造客观世界的能力及审美能力的提高，人类对居住环境的质量要求也越来越高。室内设计作为建筑设计的一部分，是为人类建立安全、舒适、优美的工作与生活环境的综合艺术和科学。"家具与陈设自有生命，设计给予灵魂。"如何处理家具、陈设与室内设计的结合，如何将家具和特定的空间环境成为一体，更好地满足人们的使用功能并营造美的生活环境也是室内设计工作者面前的难题。因此，了解室内家具与陈设设计是我们需要考虑和学习的。

6.1　室内家具

　　随着人类文明的进步和生产力的发展，家具成了与人类生活密不可分的器具，成了联系室内空间和人类的纽带。家具源于生活，又给人们的生活带来便利。而在现代设计普及生活的今天，家具除了满足人们的使用功能之外，还能为室内空间带来视觉上的美感和触觉上的舒适感。也就是说一件好的、完美的家具，不仅要具备完善的使用功能，而且能最大限度地满足人们的审美意识和精神需求，如图 6-1 所示。

图6-1　2013米兰家具展(Zanotta品牌外围展新品)

6.1.1 家具的分类

家具按材质分可分为实木家具、板式家具、软件家具、不锈钢及玻璃家具、藤艺家具等。

1.实木家具

实木家具指由天然木材制成的家具，这样的家具表面一般都能看到木材美丽的花纹，且色泽自然、导热性小。家具制造者对于实木家具一般涂饰清漆或亚光漆等来表现木材的天然色泽和纹理，如图 6-2 所示。

图6-2 实木家具

实木家具可以分为两种。

(1) 纯实木家具。纯实木家具是指包括桌面、衣柜的门板、侧板等所有用材都是实木，均采用实木制成，不使用其他任何形式的人造板。纯实木家具对工艺及材质要求很高，从选材、烘干、指接到拼缝等过程，要求都很严格，如果出现小纰漏都会影响整套家具的质量，甚至无法使用，如图 6-3 所示，实木家具的雕塑能感受到实木家具的做工精美。图 6-4 所示为几种实木家具。

图6-3 实木家具的雕刻

图6-4　实木家具

[案例 6-1] 古典实木家具

　　木色的颜色与纹理，方正简洁的造型，都能体现出这套实木家具的高贵典雅的档次。如图 6-5 至图 6-7 所示的这套家具就是经典的实木家具。以中国古典家具为造型元素的实木家具可以给人高档次的视觉感受。

图6-5　简洁的木制家具(1)

图6-6　简洁的木制家具(2)

图6-7 简洁的木制家具(3)

(2) 仿实木家具。所谓仿实木家具是指外观有实木家具特征的家具,这种家具的自然纹理、手感及色泽都和实木家具一样,但实际上它的材质是实木和人造板混用的家具。其侧板、顶、底、搁板等部件用薄木贴面的刨花板或中密度纤维板,门和抽屉则采用实木。这种家具较实木家具工艺简单、价格便宜。

2. 板式家具

板式家具是以人造板材(中密度板、刨花板、细木工板等)为基材,表面以人造薄木皮或原木色皮、三聚氰胺板等作表面饰面的家具。板式家具的优点是板材成型、性能稳定不易变形,加工和运输都较为方便。常用的人造板有三合板、胶合板、纤维板、刨花板等,这些板材克服了木材开裂、胀缩的缺点,非常受欢迎。

3. 软件家具

由框架加海绵、外包或皮构成的家具,主要有沙发和床,如图 6-8、图 6-9 所示。

图6-8 实木和软式相结合的沙发

161

图6-9　具有现代感的软式沙发

4．不锈钢及玻璃家具

以钢管、玻璃等材料为主体，并配以人造板等辅助材料制成的家具，具通透感和时代感，如图 6-10 至图 6-12 所示。

图6-10　不锈钢钢管和软质材料组成的创意椅子

图6-11　不锈钢钢管和木质材料组成的创意椅子

图6-12 不锈钢钢管和金属组成的创意椅子

5．藤艺家具

根据藤条可以随意弯曲的特性制作的家具（见图6-13至图6-15），给人清新自在的感觉。藤制品色彩幽雅，风格清新质朴，融入了现代高超的设计艺术后，藤艺家具具有轻巧耐用、流线性强、雅致古朴的优点，特别是它们所张扬的生命力，为整个家居营造出一种朴素的自然气息。

图6-13 藤制家具(1)

图6-14　藤制家具(2)

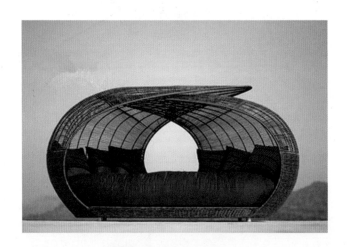

图6-15　户外藤条家具

除此之外，家具按家具风格可以分为：现代家具、欧式古典家具、美式家具、中式古典家具、新古典家具。

家具按功能分为：办公家具、客厅家具、卧室家具、书房家具、儿童家具、厨卫家具(设备)和辅助家具等几类。

6.1.2　家具在室内环境中的作用

家具在室内环境中有重要的地位。

首先，家具能起到划分空间的作用。由于室内建筑空间的特殊性，可能并不是每一处建筑空间都非常完善。由于每个人对于空间的理解不同，对空间的需求及功能的要求也有所不同。家具的空间划分为实体空间和虚拟空间。所谓实体空间，是指通过对建筑结构构件的外露部分，通过结构构思来营造技艺所形成的空间环境。虚拟空间是指一种既无明显界面，又有一定范围的建筑空间。它的范围没有十分完整的隔离状态，也缺乏较强的限定度，只靠部分形体的启示，依靠联想来划分空间，所以又称"心理空间"。在如今高房价的态势下，家具成了划分空间的重要工具，如可以用储物柜分割客厅与餐厅或者餐厅与厨房之间的空间，这样，既保证了空间原有的宽敞性，又满足了人们的使用功能。在我国传统室内建筑中，屏风的空间分割功能是非常典型的，用屏风来划分不同的空间，既可以保证不同的区域相互不受干扰，有一定的独立性和隐私性，又可以随时撤掉屏风，形成一个大的空间。屏风以其独特的功能与装饰的完美结合，在划分室内空间上，形成独具特色的一道风景。

[案例 6-2] 玄关

玄关的概念，源于中国，过去中式民宅推门而见的"影壁"（或称照壁）就是现代家居中玄关的前身。中国传统文化重视礼仪，讲究含蓄内敛，有一种"藏"的精神。体现在住宅文化上，"影壁"就是一个生动写照，不但使外人不能直接看到宅内人的活动，而且通过影壁在门前形成了一个过渡性的空间，为来客指引了方向，也给主人一种领域感。玄关的设计如图 6-16 至图 6-18 所示。

图6-16　玄关的设计(1)

图6-17　玄关的设计(2)

图6-18 中式玄关的设计

其次，家具具有营造空间气氛的作用。随着人们对室内设计的要求逐渐提高，家具逐渐成为一种文化内涵的产品。它能体现不同时代不同民族人们的生活习俗，不同国家不同民族的发展及演变，对室内设计及家具风格都会产生很大的影响。不同的室内空间也因为家具风格的不同，而使人产生不同的心理感受。从人的心理特征来看，家具的选择与人们的年龄、职业、文化素养等有关。一般老年人都比较偏爱稳重、色彩深沉的古典样式的家具，年轻人喜欢造型独特、色彩明朗、线条流畅、简洁的家具。儿童则喜欢卡通的，色彩鲜明、象征性强并带有一定趣味性的家具。

[案例 6-3] 儿童房设计

该案例是莫斯科的设计师的儿童房设计，他将儿童房打造成了"儿童王国"(见图 6-19 至图 6-21)。

图6-19 儿童房设计(1)

用轮子作支架的大床移动方便又省力，两张床可合并为一张大床，十分便利和随心。悬吊着的白色吊灯充满质感，增加了儿童房的活力。

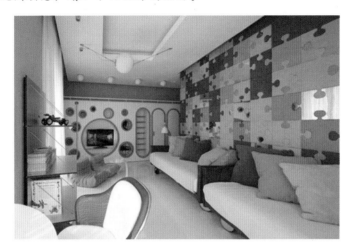

图6-20 儿童房设计(2)

利用软式拼图装饰的背景墙充满质感，丰富的色彩和形状让儿童房充满活力。拼图可随意拆卸和组合，能锻炼孩子的思维能力，设计十分有创意和心思。

图6-21 儿童房设计(3)

游戏机显示屏所在的背景墙是一个功能强大的方形收纳空间。大小不一的圆洞适应了各种电器的摆放。椭圆框里的楼梯可让孩子爬上顶部平台，上面有软式枕头和坐垫，可作为阅读空间。旁边还有多个小密室作为收纳空间，功能十分强大。

最后，家具有装饰空间的作用。家具的使用不仅能够满足使用者的生理功能，还能满足人体的心理机能，这就是家具的审美功能。在进行装饰空间的过程中，形式的美感、色彩的刺激和宜人的功效都会给人们带来视觉亮点。室内家具的装饰和摆设能够为我们的生活提供便利和视觉上的美感，这就要求我们在进行室内设计的时候充分考虑家具的使用功能和装饰功能。家具因为其色彩、材质、造型不同，而形成了不同的风格，对不同的空间也起着不同程度的装饰作用。如玄关的设计在室内空间中主要起到一个视觉缓冲的作用,在具备使用功能的同时,还具备强烈的装饰性。为室内空间营造一个视觉中心,给人以强烈的视觉冲击,从而形成视觉的焦点,为设计师的画龙点睛之笔。室内设计是运用一定的技术和艺术手段在原有的不完善的空间上,创造出功能合理、美观舒适、符合使用者生理和心理要求的室内环境。而家具是室内设计不可分割的一个重要部分,二者相辅相成,缺一不可。因此,我们应该有机地把家具融入到室内设计中,发挥其功能和作用,使室内空间更加完美与和谐。

[案例 6-4] 设计师周庆作品介绍:天府鹭洲

本案例减少多余的装饰,保持高品质的品位,将简欧的效果变得明显(凤图 6-22、图 6-23)。与欧式风格相结合保留它的优雅高贵,更能显现出简欧风格的魅力,让家不仅仅是温馨的港湾,还是一个充满了艺术感的空间。

图6-22　天府鹭洲(1)

图6-23　天府鹭洲(2)

总之,家具是室内环境的重要组成部分,与室内环境形成一个有机的统一整体,理想的环境是离不开家具对室内环境的各种作用。

6.1.3 家具的选用和布置原则

家具在室内设计中占有很重要的作用，这就要求我们在家具的选用和布置方面应遵循一定的原则。

首先，实用原则。这是我们首先应该遵循的原则，也是最重要的原则。家具的摆放和布置过程是满足特定功能的家具的使用过程。它也具备一定的美感，是通过家具的排列组合、线条连接来体现的。根据性格特征和人的喜好，可以将家具排列得整齐一致，有居室典雅、沉稳之感，也可以将家具搭配成明显的起伏变化，使人感到居室内活泼、热烈。这样，才能达到家具选用的实用原则。

[案例 6-5] 实用性较强的家居设计

一个家居设计，外观风格与家具同样重要。除家居美观外，实用性也是重要评判标准。本次展示案例的特点就是中户型的收纳设计 (见图 6-24 至图 6-27)。无论是英式乡村风还是日本风，案例中对收纳空间的设计运用都非常巧妙。

图6-24 风化木的激光雕刻图腾，辅以地砖与简约线板变化，预告着乡村风的空间氛围

图6-25 原格局中封闭的书房，设计师将空间分界打开，利用白色百叶弹性隔断，使空间更宽敞

图6-26 联后的空间和客厅可轻松互动，也让居家有了舒适安排

图6-27 未刻意划定的玄关空间，利用三面柜体呈现端景、展示、
收纳的功能，顺势带出后方餐厅位置

其次，与周围环境和谐的原则。空间大小已由外部建筑环境决定，基本不能随意更改。这也就制约了家具的选择，室内设计应充分考虑空间大小，家具选择及布置。例如，如果室内空间较小，那么就应该选择相对较小的家具，不然会让空间显得沉闷、压抑。

再次，与室内空间风格统一的原则。在进行家具选用和布置的过程中，统一非常重要，如果将室内设计比作"一台戏"，那么作为重要角色的家具，除了具有反映自己本色的"属性"之外，还有一个"兼容"的问题。空间除了通过形态、色彩、装饰材料、陈设品等方面来体现不同的风格，家具理所当然应该选择相应的风格，这样的空间格调才统一。此外，还应与室内设计形成一个主色调，主色调一般由室内天花板、墙壁、门窗、地板等色彩决定。由于家具在室内占的空间也比较大，因此家具色彩也成为室内设计的主调。家居色彩因此要与其他色彩相统一，形成色彩的调和，如图 6-28、图 6-29 所示。

图6-28　与环境和谐一致的家具(1)

图6-29　与环境和谐一致的家具(2)

最后，家具的摆放往往会决定一个房间的整体装饰效果，家具布置一旦定位、定型，人们的行动路线、房间的使用功能、装饰品的观赏点和布置手段都会相对固定了，所以居室中家具的空间布局必须合理。在布置居室时，应注意高大家具与低矮家具的互相搭配，高度一致的组合柜严谨有余而变化不足，同时，尽量不要把床、沙发等低矮家具紧挨大衣橱，以免产生大起大落的不平衡感。就是说，家具的布置应该大小相衬，高低相接，错落有致。若一侧家具既少又小，可以借助盆景、小摆设和墙面装饰来达到平衡效果（见图 6-30)。在摆放家具的时候，有一些禁区最好不要去触碰。

图6-30　可爱的小鹿椅子能够增加室内环境的可爱氛围

6.2　室内陈设设计

"陈设"既是动词也是名词,它既指陈列、布置、展示、摆放,也指陈列、布置、摆放的物件。陈设品的内容非常丰富,范围也非常广泛。室内陈设成为以表达思想内涵和精神文化为出发点的关键要素,是其他物质所代替不了的。良好的室内陈设能够使人怡情遣兴,能给人产生积极的作用。室内陈设能够突出设计师和主人的行为准则。陈设的内涵往往超出了美学界限而升华为修身为人的精神道德规范。

室内陈设品的价值是多方位的,对于设计师而言,室内陈设品应该根据业主的工作、生活环境、空间大小、职业、身份、经济条件、性格爱好来设计与选择。室内陈设艺术设计对提升室内设计作品的艺术品位也将起到积极的推动作用。

❋ 6.2.1　室内陈设的分类

室内陈设一般分为实用性陈设和装饰性陈设。

1．实用性陈设

实用性陈设是指除了本身的观赏性质之外,还具有很强的使用功能。这类使用物品在满足功能要求的前提下,非常注重形状、色彩和材质的要求。实用性陈设涉及范围很广,大致可分为以下几类。

(1) 家具。上一章节讲的家具是室内陈设艺术中的主要构成部分,主要是指家庭用的器具;有的地方也叫家私,即家用杂物。在此就不多做赘述。

(2) 织物用品(见图6-31)。织物被誉为色彩的魔术师,是奇妙的尤物,它就像是家居的外衣,可以任意搭配、组合,并且随着季节的交替而变换不同的主题。在现代室内设计环境中,织物陈设使用的多少,已成为衡量室内环境装饰水平的重要标准之一。

(3) 电器用品。电器用品逐渐成为人们日常生活中必不可少的重要陈设品,它不仅具有很强的实用性,而且在现代设计的理念下,经过设计师的完美设计,电器用品的外观造型、色彩质地设计也日益精美，具有很好的陈设效果。

图6-31　窗帘、靠背、桌布都属于织物陈设品

(4) 灯具。现代灯具是指能透光、分配和改变光源分布的器具，包括除光源外所有用于固定和保护光源所需的全部零部件，以及与电源连接所必需的线路附件。但是自古以来灯具都不仅仅是提供室内照明的器具，也是美化室内环境不可或缺的陈设品。灯具用光的不同，可以制造出各种不同的气氛情调，而灯具本身的造型变化更会给室内环境增色不少。

[案例 6-6] 会呼吸的塔扇

如图 6-32 所示的这款设计以节能环保为出发点，巧妙地将塔扇与花盆结合在了一起，既美观又实用。花盆是卡在塔扇口的，在花盆的下方有一块过滤器，能将浇花时多余渗下来的水净化，并储存为机器的湿润剂，这样既能在使用塔扇的时候提醒用户为植物浇水，又能将植物吸收后多余的水循环利用，节约了水资源，绿色环保。底部有抽拉式盒子，可放香料、驱蚊水等，随机器的转动，喷散出香气或驱蚊水，满足香薰和驱蚊器的效用。

图6-32　会呼吸的塔扇

[案例6-7] 创意吊灯

　　如图6-33至图6-35所示，这是来自设计师Limpalux的创意设计，创意折纸吊灯——Moonjelly，它是用折纸工艺做成的，像个立体的艺术雕塑品。当Moonjelly灯被点亮之后，会发出雅致温暖的灯光，通过这种灯光能完全改变并提升室内的气氛。

　　(5) 书籍杂志。一般来说，书籍具有一定的收藏价值必定会摆放在特定的位置——书架上。书籍可按其类型、系列或色彩来分组陈列在书架上，既有实用价值，又可使空间增添书香气，显示主人的高雅情趣。书架上的小摆设也是必不可少的，它与书籍相互烘托，效果显著。杂志的收藏价值虽然不高，看完之后可能会被处理掉，但从装饰效果来讲，花花绿绿的各种杂志有时甚至比书籍更具美感，散落的杂志给人一种亲切感，也能增添居室的生活气息。有时，杂志也能作为墙壁的装饰。

图6-33　创意吊灯(1)

图6-34　创意吊灯(2)

图6-35　创意吊灯(3)

　　(6) 生活器皿。生活器皿包括餐具、茶具、酒具、炊具、食品盒、果盘、花瓶、竹藤编
制的盛物篮等，如图6-36、图6-37所示。生活器皿的制作材料也很多，玻璃、陶瓷、金属、
塑料、木材、竹子等，其独特的质地，能产生出不同的装饰效果。它们的造型、色彩和质地
具有很强的装饰性，可成套陈列，也可单件陈列，使室内具有浓郁的生活气息。

图6-36　精美的卫浴用品也能给室内设计添色不少(1)

图6-37　精美的卫浴用品也能给室内设计添色不少(2)

(7) 瓜果蔬菜。瓜果蔬菜是大自然赠予我们的天然陈设品，其鲜艳的色彩、丰富的造型、天然的质感以及清新的芬芳，给室内带来大自然的气息。

(8) 文体用品。文具用品在书房中很常见，如笔筒、笔架、文具盒、记事本等；乐器在居住空间中陈列得很多，可使居住空间透出高雅脱俗的感觉；体育器械也可出现在室内陈设中，如各种球拍、球类、健身器材等的陈设，可使空间环境显出勃勃生机。

2. 装饰性陈设

装饰陈设品是只有观赏价值而无实用功能的陈设物品，其实用价值较小，主要包括用来观赏的工艺美术品和纪念、收藏陈设品及观赏性植物等。装饰品通俗地讲就是人们所喜欢的东西，可以起到点缀和衬托的作用。它们都具有很高的观赏价值，能丰富视觉效果，装饰美化室内环境，营造室内环境的文化氛围。

(1) 艺术品。包括绘画、书法、古玩、雕塑、摄影、饰物等艺术品的陈列布置。

(2) 纪念品。包括先人遗物、亲友馈赠物、功勋奖章、结婚纪念品、生日纪念品等，这些可以承载纪念意义的物品，称为纪念品。通常是以实物而存在的，每一件纪念品都珍藏了一个故事、一段回忆，给人怀旧之感。它们既有纪念意义，又能起到装饰作用。

(3) 收藏品。包括动植物标本、邮票、模型、烟斗等，因个人爱好而珍藏、收集的物品都属于收藏品。收藏品最能反映一个人的兴趣、爱好和修养，往往成为寄托主人思想的最佳陈设，一般在室内都用博古架或壁龛集中陈列，如图 6-38 所示。

(4) 观赏动物。包括鸟类、鱼类等，鸟的羽毛色彩斑斓，鱼的颜色缤纷绚丽，它们既是人类的伴侣，又是富有灵性和美感的绝佳陈设物。既能使人们恍如置身大自然的怀抱，带来身心的舒缓；又能给室内环境平添灵动的气氛，带来身心的畅快。

(5) 盆景花卉。盆景花卉经济美观，一盆绿叶、一束鲜花，就能使环境充满生机与灵性，还能提高空间环境的质量，如图 6-39 至图 6-42 所示。盆景花卉的装饰要注意与装饰风格的协调。

图6-38　精美的烟斗能够成为很好的室内陈设品

图6-39　漂亮的室内绿植(1)

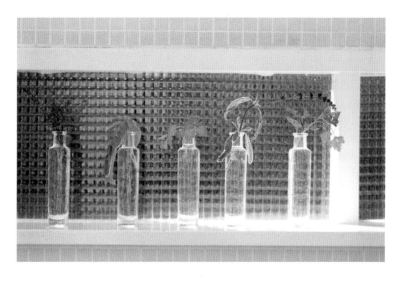

图6-40　漂亮的室内绿植(2)

图6-41 可爱家装的装饰花卉(1)

图6-42 可爱家装的装饰花卉(2)

6.2.2 室内陈设的意义、作用

室内陈设主要为空间提供实际使用功能的同时装饰室内空间,良好的室内陈设能够陶冶人性,具体的意义和作用如下。

(1) 室内陈设具有烘托气氛、表现意境的作用，陈设元素作为室内艺术设计的载体，影响着室内设计的风格、情趣、意境、气氛等精神层面。室内中的陈设品通过不同的组合以及本身具有的物理特性，能烘托出不同的空间氛围，营造出不同的室内环境的意境。

[案例 6-8] 烘托气氛的创意水晶灯

如图 6-43 至图 6-45 所示的这款创意水晶灯既保留了水晶纯净的感觉，又让人觉得非常厚重，能够起到烘托高档气氛的作用。

图6-43 能烘托气氛的水晶灯(1)

图6-44 能烘托气氛的水晶灯(2)

图6-45　能烘托气氛的水晶灯(3)

(2) 丰富二次空间层次感。室内空间的设计通常分为四个部分：室内空间企划、室内装修设计、室内物理环境设计、室内陈设设计。前三部分的设计只是从建筑层面或物理环境上对空间的墙面、地面、顶面进行统一的规划，称之为一次空间。陈设艺术设计可以巧妙地利用家具、灯饰、地毯、绿植等划分出二次空间，使空间的分隔更柔美，使用功能更趋合理，增强空间的层次感。

[案例 6-9] 2010 上海世博会——中国馆·贵宾厅的室内陈设设计（见图 6-46至图 6-49)

"我们按照中国传统九宫空间格局及其象征意义，最终确定以艺术品为核心来营造空间设计……按照传统演绎当代的精神，我们结合中国馆内部功能布局，将当代艺术品按其属性和艺术特色进行布局，选定了水墨、书法、水彩、油画、漆艺、陶艺、纤维、雕塑、壁挂、装置……不同尺度的作品，以及奇石、苏绣、植物点缀其间，再配以各类家具，形成了富有当代中国精神的色彩。"中国馆建筑内部总设计师、中国美术学院副院长宋建明称。

图6-46　2010上海世博会——中国馆·贵宾厅的室内陈设设计(1)

图6-47　2010上海世博会——中国馆·贵宾厅的室内陈设设计(2)

图6-48　2010上海世博会——中国馆·贵宾厅的室内陈设设计(3)

图6-49 2010上海世博会——中国馆·贵宾厅的室内陈设设计(4)

(3) 增强并给予空间含义。陈设品的种类繁多，不同的陈设品也有不同的特征，以艺术品为例，艺术品的陈设能够提升内涵的表达，将历史的韵味带入室内。一般的室内空间应达到舒适美观的效果，而有特殊要求的空间则应具有一定的内涵，如纪念性建筑空间、传统建筑空间等。在这些空间里每个陈设品都有自己的意义，互相交融在一起是重溯历史发展的印迹。

(4) 创造不同的环境风格。人们由于社会阶层的不同，物质条件和自身条件也受到极大的限制，因此，在陈设品的选择上也往往大相径庭，形成不同的室内设计风格。室内空间具有各种不同的风格，是由室内装修与陈设艺术设计来共同塑造的。如古典风格、现代风格、中国传统风格、乡村风格、地中海风格、欧美风格等，陈设品对各个风格具有指向性，因此陈设品的选择应当符合空间设计的主题取向，而陈设品的合理选择则对室内环境风格起着强化的作用。

[案例 6-10] 新中式风格的室内设计

不同的陈设显然能够创造不同室内设计风格，该案例就是近些年在国内较为流行的高端的新中式室内设计 (见图 6-50 至图 6-53)。

图6-50 新中式风格的室内设计(1)

图6-51　新中式风格的室内设计(2)

图6-52　新中式风格的室内设计(3)

图6-53　新中式风格的室内设计(4)

(5) 表达民族文化。世界上各个国家和民族都会有自己特定的地域环境、生活方式、风俗习惯、语言及审美标准等,这些都属于民族文化的范畴。因此,每个民族都会创造出具有自身特色的艺术品、手工艺品,喜好者们将这些民族风格的陈设物摆放在室内,直接表现出不同民族的特色风情,如图 6-54、图 6-55 所示。

图6-54　欧洲风格的室内设计

图6-55　中国古典风格的室内设计

6.2.3　室内陈设的选择和布置原则

室内设计师在进行室内陈设品布置时应该注意以下原则。

首先，满足人们的心理需求。室内空间陈设应考虑人的心理，以满足人们的心理需求。在日常生活中，人们因为自己的生活经验和生活阅历对空间形式及内部装饰形成了一种约定俗成的惯性，设计师在进行室内陈设布置的时候应该尊重这种惯性，因为这是人们长时间积累的、符合人的心理经验的。

其次，符合与空间整体环境协调的要求。选择室内陈设品时，要与空间整体环境相协调（见图 6-56)，只有这样才符合审美的需要。

图6-56　与周围环境相符合的餐具设计

再次，符合陈设品的肌理要求。肌理是室内陈设设计中应考虑的重要元素。肌理能带给人丰富的视觉感受，如细腻、粗糙、疏松、坚实、圆润、舒展、紧密等。陈设品的肌理效果一般都适合在近距离和静态中观赏（见图6-57）。如要保证远距离的观赏效果，陈设品则应选择大纹理的、色彩对比较强的肌理。

图6-57　可爱的陈设设计

最后，满足对光与色的要求。布置灯具首先要满足房间的照明要求，还要了解光色的特性和它对环境气氛的影响，以便在设计中根据室内的不同功能做相应的选择。灯光光源的颜色给人的冷暖感觉是不一样的，如红、橙、黄色的低色温光源，给人热情、兴奋的感觉，被称为暖色光；蓝、绿、紫色的高色温光源，给人宁静、寒冷的感觉，被称为冷色光。了解了光色的特性，可以在不同特性的空间布置不同的光源，以营造不同的气氛。

本 章 小 结

家具与陈设是室内设计的重要组成部分，家具与室内陈设及艺术品的设计与选择对室内设计作品影响至关重要，合理的搭配与组织对烘托室内的意境与品位具有非常重要的意义。

从我国建筑行业程序上看，室内设计也是建筑设计的深化与发展。它还包含更多的建筑师所不能顾及的室内装修、设备、家具及灯具，绿化、景观、窗帘、布艺织物等陈设装饰设计等方面的内容。所以，室内设计要求室内设计师是一个室内建筑师，也应是一个家具设计师、室内陈设设计师。

可见，了解家具与陈设在室内设计中的地位，并从实践中掌握如何进行家具和陈设的设计对于整体的室内设计是很重要的。

 **思考练习题**

1. 请用实例分析家具在室内设计中的重要性。
2. 家具的布置原则有哪些？
3. 室内陈设的作用有哪些？
4. 室内陈设的原则分别是什么？

 **实训课堂**

实训课题：设计两款古典主义风格的室内陈设。

(1) 内容：设计两款古典主义风格的室内陈设，可以用实物呈现。

(2) 要求：学生以个人为单位，设计两款古典主义风格的室内陈设，形式不限，可以是窗帘、生活器皿、摆件等。

第7章

室内设计与构成艺术

* 要求掌握室内家具的选用原则。
* 了解室内陈设的布置特点。
* 掌握不同环境的室内家具的不同选择方法。

核心概念

室内家具　室内陈设　室内设计

本章导读

随着科技的发展及人们生活水平的提高，几乎所有设计领域对视觉传达产生了一定的诉求。构成艺术，是研究造型艺术设计的基础，包括平面构成、立体构成、色彩构成三部分。三者是室内环境设计的依据，同时又是艺术设计领域的基础学科和艺术根源。在当代视觉文化的时代下，构成艺术成为视觉传达的重要组成部分，其设计领域不再是室内空间的可有可无的装饰元素，而成为室内空间环境设计中的重要因素，逐渐成为室内设计中的一种空间创作手段，改变着空间环境的性格。构成艺术介入现代室内设计不但体现了其商业和文化的多重价值，更是以艺术化的形式将信息传达给人们，塑造具有个性化表现和强烈精神感受的视觉空间，赢得大众视觉好感和心理认同。

7.1　室内设计与平面构成

在视觉语言的新诉求下，平面设计元素在进入室内设计领域之后不断发生转变，不断被现代室内设计广泛运用。平面设计赋予了室内设计更多形式和内涵，成为现代室内设计表达主题的最主要的法则。设计师艾默里·文森特曾说："一旦平面设计脱离了印刷页面，进入了空间环境当中，必然会产生一种拥有不同动力和活力、与人类进行交流的新方式。这时的平面设计不仅是信息交流的承载体，它还承担着界定和规划空间的作用。"

[案例 7-1] 肯特州城市健康中心的室内设计

肯特州城市健康中心的室内设计中选取了大量和行业有关的图形元素作为平面构成的元素，并且采用概括、夸张的手法进行表达（见图 7-1、图 7-2）。这种手法打破了大家对医院的已有认识，并且表达了健康中心的内涵，具有丰富的内涵效果，室内设计通过平面设计元素的介入形成了新的视觉效果。

图7-1　肯特州城市健康中心(1)

图7-2　肯特州城市健康中心(2)

7.1.1　室内空间的平面构成要素

室内空间包括屋顶、地面和墙面，这三者组成了室内空间的水平界面和垂直界面。平面构成元素应用到这三者之后会对室内空间造成不同的影响。将平面构成元素应用到室内空间中，应该把空间看作一个完整的统一体进行设计和应用，用全面的眼光进行定位，考虑到各个方面的要求。

[案例 7-2] 布鲁塞尔都灵路 12 号住宅

霍尔塔设计的布鲁塞尔都灵路 12 号住宅 (见图 7-3 至图 7-5) 是新艺术运动时期比较有代表性的建筑之一。他的作品是 19 世纪末建筑作品中积极进取、锐意改革的先锋，其建筑风格代表了典型的新艺术运动风格：明朗的设计、光线的传播、用大量的非几何弯曲线条对建筑物加以装饰。这些装饰题材一般以抽象的自然形态的图形为主，将绘画雕塑与设计相结合并综合运用到室内空间中。

图7-3　都灵路12号住宅内部(1)

图7-4　都灵路12号住宅内部(2)

图7-5　都灵路12号住宅内部(3)

　　首先，墙面在室内空间中的表现。墙面是室内空间中唯一一个垂直界面，并且在室内空间中是最容易引起注意的区域。因此，它成为平面设计师常常喜欢表现的区域。当进行墙面设计时，应该考虑与室内其他两个界面的关系，既要有整体意识，又要有主次关系，给人最好的心理和生理的感受。墙面具有空间独特性的特征，它既可以将两个或者两个以上的空间进行围合，又能在围合的过程中形成很多转折面。如果将平面设计元素运用到转折面上，就会达到增加表现层次的视觉效果，如图 7-6 所示。

图7-6　儿童房墙面的转折设计

其次，顶棚在室内空间中的表现。顶棚又称天棚，在室内空间中属于遮盖不见，主要是提供物质和心理的保护。顶棚和地面相对应，用来限定高度，这种限定作用影响了视觉审美的心理。由于顶棚的位置属于最不易受到干扰的区域，因此能很好地反映空间形状和关系。在常见的室内设计中，顶棚常常以留白为主，但由于顶棚也是室内设计的界面之一，越来越多的设计师和艺术家开始利用顶棚进行设计，这样不仅能够改变顶棚的形式，又有利于延展空间，为更好地塑造空间感起到一定的作用。有时候，室内空间的界面并不是独立存在的，将天棚界面上的平面设计元素过渡到其他界面上，可以使界面与界面自然衔接的同时得到意想不到的视觉效果。

[案例 7-3] 美国国家学院博物馆

美国国家学院博物馆在翻新之后，呈现出了与原貌差别很大的样子，设计师使用白色石膏作为主材料，色彩选用了和博物馆视觉形象相一致的白色和红色，红色的色调使对比加强，如图 7-7 所示。加之文字使用了博物馆学院自 1826 年建院以来至今的 1995 名成员的姓名作为元素，还为将来每年选举的新成员预留了位置，如图 7-8、图 7-9 所示。使整个顶棚的设计简练而富有变化，打破了顶棚单调的感觉，同时很好地传达出博物馆的历史文化气息。

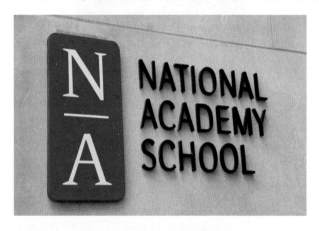

图7-7　美国国家学院博物馆(1)

图7-8　美国国家学院博物馆(2)

图7-9　美国国家学院博物馆(3)

　　最后，地面在室内空间中的表现。作为人们活动和摆放物体的场所，地面是室内空间中承载人们行为活动的最主要的界面。平面设计元素在地面上的呈现既要考虑到视觉审美的效果还要注意材质的选择使用，既满足精神上的享受还要达到功能上的要求。在视觉感知上相对于天棚界面，地面界面存在一定的局限性，容易受到人们活动的干扰和各种物品的遮挡。平面设计元素的介入，可以在有限的空间里发挥无限的创意，对室内空间进行再设计。

[案例 7-4]"日本：传统与创新"展览

　　在加拿大文明博物馆举办的"日本：传统与创新"展览，在970平方米的室内空间中，并未使用隔墙来划分空间，而是通过地面上不同颜色的"地铁线路图"和不同大小、高度的"屋顶"来界定各个展示区域。"地铁线路图"采用和黑色地面反差较大的、饱和度较高的颜色，使参观者可以轻易地辨认所处的区域和辨认方向，如图7-10至图7-14所示。各个节点的设置与展览内容相对应，可以给人以驻足观看的心理暗示。

图7-10　"日本：传统与创新"展览(1)

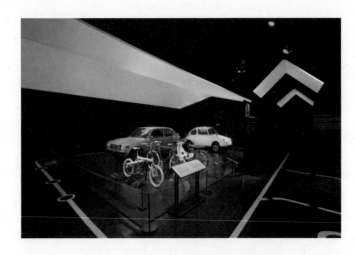

图7-11 "日本：传统与创新"展览(2)

图7-12 "日本：传统与创新"展览(3)

图7-13 "日本：传统与创新"展览(4)

图7-14 "日本：传统与创新"展览(5)

7.1.2 室内设计的构成法则

首先，秩序与变化。这一构成法则体现出来的美感是通过统一的形式美规律来实现的。统一在立体构成的形式美法则中体现为各个组成部分所具有的特征和相互关系具有共同性和和谐感，这种统一并非包括完全相同的平面设计元素的排列，主要是强调各元素之间的组合和协调，以形成统一的内在联系，然而，这些联系在统一中会存在一定的变化。平面设计元素在室内空间中统一因素通常包括：造型的统一、色彩的统一（见图 7-15）、风格的统一（见图 7-16）。

图7-15 室内设计色彩的统一

图7-16　室内设计风格的统一

　　其次，和谐与矛盾。平面设计元素在室内空间中应遵循和谐的整体性原则，但矛盾是可以通过对比的和谐美来实现。和谐反对过分的夸张和求异，是通过有差异的视觉元素的组织，从而达到矛盾的共鸣，形成和谐的视觉效果，如图7-17所示。对比在形式美中是指各个组成部分在形式上所具有的差异以及它们相互之间体现的矛盾性。平面设计元素利用对比的手法运用到室内空间环境的营造中，可以使环境气氛更加活跃，产生更加丰富的视觉效果，增强空间环境的趣味性。

图7-17　色彩对比的室内设计

再次，真实与幻象。在现实生活中，镜子的成像常给人打破常规的奇幻的感觉。与镜子原理类似的就是对称的手法在生活中的运用。对称是指相同元素以相等的距离由中心点、线向外放射或向内集中，所形成的等距排列关系的"图形"。对称能够形成理性的、稳定的视觉效果，和非常有动感、能够变化的空间环境。平面设计元素可以利用本身丰富的图形语言，例如使用最基本的构成要素点、线、面，以平面构成的手法创作出充满幻动感、对称但又复杂多变的视觉效果。

最后，平衡与跃动。平衡是等量不等形的形式语言，总体上形成一种心理上的平衡感。平衡常形成一种动态特征，给人以轻优美、轻巧、自由活泼的美感，如图 7-18 所示自然的肌理带给室内的灵动感。室内空间中，平面设计元素可以利用视觉元素的不对称分布形成与视觉中心的偏移，调整视觉元素的分量平衡，形成具有形式感的空间环境。平衡感对于几乎所有的平面设计元素在空间中的表现形式有一定的普遍意义。平面设计元素的均衡构成，对于整个室内空间环境的空间平衡尤为重要，因此各个构成要素应该考虑到人们在空间中的行为活动规律，在整个空间环境中进行统筹设计。平面设计元素在室内空间中可以通过节奏与韵律的形式感，营造出具有律动感的空间环境。充满节奏、韵律的空间环境，常能引起人们的情感反应，形成有意味的空间环境，如图 7-19 所示，看似无规律、无章法的墙面设计却给室内设计带来了跃动感。

图7-18　肌理带来的灵动感

图7-19　不规则图案带来的跃动感

7.2　室内立体构成

人们生活在一个三维的环境中，不管是日常用品还是居住环境，不管是人类自身还是宇宙空间，都是三维形态的。因此，立体形态在现实生活中和设计实践中的应用非常广泛，它是从建筑内部把握空间，根据空间的使用性质和所处环境，运用物质技术及艺术手段，创造出功能合理、舒适美观，符合人的生理、心理要求，让使用者心情愉快，便于生活、工作、学习的理想场所的内部空间环境设计。

[案例 7-5] 心斋桥牙科诊所

位于大阪市的心斋桥牙科诊所，简约洁净，由日本的 T-LEX Brain 事务所设计。黑镜材质和棕褐色墙面给人以稳定感，白墙和木纹搭配自然温暖，诊室中落地玻璃隔断若隐若现的半透明质感让人感觉仿佛穿行于薄雾之中（见图 7-20 至图 7-22）。

图7-20　心斋桥牙科诊所的室内设计(1)

图7-21　心斋桥牙科诊所的室内设计(2)

图7-22 心斋桥牙科诊所的室内设计(3)

在室内空间构成中，立体构成起到了至关重要的作用。首先，在室内空间结构和空间造型方面，要有机地运用立体构成的基本元素。其次，在室内家具和家电造型设计中立体构成也起着决定性的作用，根据家具和家电种类及功能的需要可以设计出规则和不规则的造型。最后，在室内环境设计中的装饰性造型也是立体构成的设计范畴，例如，柱体及装饰柱体、墙体及装饰墙体、隔断、玄关、屏风、扶手、装饰小品等造型均是在立体构成的基础上诞生的。有关造型的材质、肌理、表面光滑度等因素也是该学科研究的一部分，而且这些要素直接影响到造型的外观美。

7.2.1 立体构成与室内设计

立体构成是在三维空间中将立体造型要素按照一定的原则组合成富于个性的、美的立体形态。立体构成注重对各种较为单纯的材料的研究和提高对立体形态的形式美规律的认识，培养良好的造型创造力和想象力。

首先，立体构成的线元素与室内设计。从立体构成的线的概念上来说，线具有长度和方向，在视觉上具有方向性。在实践中，线材包括硬质线材和软质线材，其构成形式可以分为框架结构、垒积构造和编结构成、伸拉结构等。线可以表现出韵律感和节奏感。在室内设计中，垂直的线多用于现代室内设计中，用垂直的线既可以营造出房间较高的感觉，又能使房屋显得高端大气。水平线则可以使室内设计显得宁静和轻松。曲线可以通过本身的特质展现不同的情绪和思想，例如，丰满的曲线给人轻快柔和的感觉，这种曲线常常在室内的家具、灯具、花纹饰物、陈设品等中，都可以找到。

[案例 7-6] not guilty 餐厅苏黎世店

"not guilty"旨在创造一个"人间小天堂"，呼唤访客融入自然，贻享其中之乐，唤起人们内心的幸福感。这家颇具实验性的店面设计希望通过造型演绎这一概念、开敞式的长条形空间搭配焕发亲和力的橡木地板以及白色和浅淡粉彩，为顾客制造宾至如归之感。入口处色彩鲜艳的沙拉吧和好似橱柜的菜单牌引人注目。

从图 7-23 可以看出中央的高台由绵延伸向屋顶的枝条承载，这是很好的线构成的例子，枝条采用白色钢管制作，令顾客进餐时有一种轻松自如之感。除此之外，这部分还提供了几种不同的座位形式，使顾客可以根据需求自选。整个店面空间由自然材质构成，代表了这一连锁崇尚自然的主旨。其他的设计元素例如贯穿屋顶的麻质条带，以及墙面上麻绳拉紧而呈现出的图案，既不拘一格，又出人意料，正体现出设计者对细节的热爱，和"not guilty"家族所传达的激情和胸怀。

图7-23　自由蔓延的树枝

[案例 7-7] Gondodoce 面包店室内设计

Gondodoce 面包店室内设计（见图 7-24 至图 7-26）的特点之一就是来自于天花板的设计。设计师利用列阵的木条设计隐藏光的形式，这种设计不仅能够吸收过多噪音，还能扩大光源。从外观上看，这种线性的结构不仅可以达到视觉上的美观，而且还可以隔离空间。

图7-24　Gondodoce 面包店的室内设计(1)

图7-25 Gondodoce 面包店的室内设计(2)

图7-26 Gondodoce 面包店的室内设计(3)

其次,立体构成的面元素与室内设计。从立体构成的面的概念上来说,面元素具有长度、宽度和深度。面最大的特征是可以辨认形态。面材的构成形式主要有面材的插接构成和折叠构成等。现代室内设计中,常常采用面材的简单构成设计简约的室内风格,如图 7-27 所示。

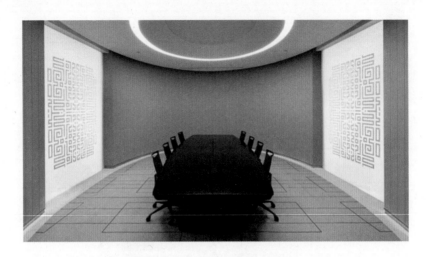

图7-27　Westing 办公室室内设计

　　最后，立体构成的块元素与室内设计。从立体构成的块的概念上说，块材是立体造型最基本的表现形式，它是具有长、宽、高三维空间的封闭实体。在形态上，它具有几何体和自由体等。在室内设计中，有很多元素都运用块体的理论进行设计，很多设计无不反映出在经济发达的工业文明社会里，人们对自然形态的追求和渴望，如图 7-28 所示的可爱的椅子，就能反映出人们对自然的纯真追求。

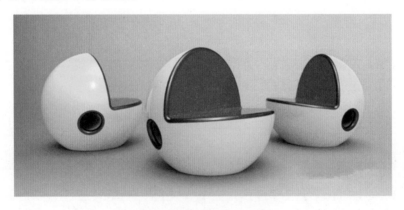

图7-28　可以增强趣味性的椅子

❋ 7.2.2　立体构成在室内设计中的应用

　　室内设计是从建筑内部把握空间，根据空间的使用性质和所处环境，运用物质技术及艺术手段，创造出功能合理、舒适美观，符合人的生理、心理要求，让使用者心情愉快，便于生活、工作、学习的理想场所的内部空间环境设计。立体构成在室内设计中的应用包括以下几方面。

　　第一，对空间形象进行分割的应用。利用立体构成的原理对建筑所提供的内部空间进行处理，对室内空间的比例和尺度进行调整，解决好空间之间的分割、衔接、对比和统一，如图 7-29 所示。比如，现代的室内空间设计，已经不满足于封闭规范的六面体和简单的层次划分，在水平方向上，往往采用交错配置，形成空间在水平方向上的穿插交错，在垂直方向上则打破上下对位，创造上下交错覆盖、相互穿插的立体空间。设计师采用立体构成中空间对比和线材架构来营造一种观赏气氛，让观赏者领悟到结构构思所形成的空间美的环境。

图7-29 可以分割空间构成元素

第二，对室内界面进行装修时，立体构成的应用。主要体现在按照空间处理的要求，将空间的墙面、地面、天花板进行有规律的处理。在室内空间中，很多物体都可以看作是点，只要相对于它所处的空间来说足够小，而且是以位置为主要特征的，如图 7-30 所示。比如，一件小的摆设、一幅小的画，对于整个室内空间来讲都是点，然而它们的选择在整个室内空间的营造上占有极其重要的地位。室内空间的界面是通过对其形、色、光、质等造型因素进行处理，从而产生不同的面，如表现结构的面，传统的木结构顶棚本身就是材质和韵律的美，现在流行的文化石墙面就是一种表现材质的面，可以营造不同的氛围。

图7-30 点元素在室内设计中的运用

第三，室内陈设的构成应用。对室内家具、设备、陈设艺术品、装饰织物、照明灯具进行设计处理，如图 7-31 所示。比如，家具造型的设计与选择，首先要应用立体构成的对比、协调的形式原理，追求统一协调时，考虑整个环境的对比关系是否足够。这一点将在以下章节中进行详细概述，在此不做赘述。

图7-31　酒陈设成为室内设计的一部分

本 章 小 结

　　构成艺术，是研究造型艺术设计的基础，是一种科学的认识和创造方法。室内设计是构成环境艺术设计的重要组成部分。平面构成、立体构成是室内环境设计的依据，同时又是艺术设计领域的基础学科和艺术根源。研究和探索设计二维空间的平面构成，对三维空间的立体构成，点缀室内空间氛围的色彩构成是十分必要的。因此，在学习室内设计的过程中，了解这两大构成对室内设计的影响及在室内设计中的运用是非常有必要的。

　　1. 平面构成理论在室内设计中都有哪些运用？
　　2. 立体构成理论在室内设计中有哪些运用？

　　实训课题：从案例分析的角度写一篇"平面构成与立体构成对室内设计的影响"的论文。
　　(1) 内容：分析十个国内外著名室内设计案例，写一篇关于本章课题的文章。
　　(2) 要求：特点突出、案例分析需围绕"平面构成与立体构成对室内设计的影响"的主题，2500 ~ 3000 字。

第8章

室内家具布置、配置与
室内织物

学习要点及目标

❋ 要求掌握国内外室内家具的发展历程。
❋ 了解室内家具的布置配置原则。
❋ 了解室内设计中室内织物的种类和作用。

核心概念

室内家具　室内织物　室内设计

本章导读

　　现代社会中，人们对居住质量的要求越来越高，家具在室内空间的合理配置是提升住宅品质的重要因素，更是室内设计和家具设计两大板块的衔接点。而同样，随着人们生活质量的提升，室内织物的重要性同样逐渐凸显出来。从室内设计的元素出发了解室内设计，不仅有利于建立室内设计和谐统一的整体意识，还可以从元素的角度厘清室内设计的细致脉络，有助于初学者学习的进行。

8.1　室内家具布置与配置

　　几千年来，家具的设计随着时代的发展至今，与建筑、雕塑、绘画一样，成为人类文化艺术的一个重要组成部分。随着现代室内设计的理念的形成，家具的发展不仅成为人类物质文明与精神文明的重要组成部分，还成为室内设计中的重要元素，配合室内设计的进行，如图8-1，图8-2所示。因此，从源头上了解家具的发展及其在室内设计中的配置要素是非常必要的。

图8-1　感觉很舒服的室内家具(1)

图8-2　感觉很舒服的室内家具(2)

8.1.1　我国古典家具的发展历程

中国历史源远流长，中国家具的历史也非常悠久。中国古典家具在发展过程中有四种重要的设计风格：楚式家具（周代至南北朝）、宋式家具（隋唐至元代及明朝早期）、明式家具（明中期至清早期）和清式家具（清中期以后）。

中国家具最早起源于“席地而坐”的席，用于坐卧铺垫而用，逐渐发展“垂足而坐”的坐具。汉代之前，普遍使用的家具是漆案和漆几。之后床的出现使人类的生活水平向前迈进一大步。在河南信阳出土的彩绘大床，是很难得的物证，能够看出楚国的家具制造情况。汉代的时候，一种供坐卧的家具——榻，被应用，且屏风代替了帷幕，在今天仍旧盛行。东汉时期，与现代类似的桌子出现。汉末时期，胡床传入中原。胡床是一种两木相交叉，床面用绳索连成，开合自如、携带方便的家具，有点像现在的马扎。楚式家具实际上就是我国早期的漆家具，在战国时期，漆器达到了真正的普及，其中南方的楚国最为发达，因此，必然地，楚国的漆家具也最为发达。

1．宋式家具(隋唐至元代及明朝早期)

在唐朝，桌、椅、柜已是生活必备品（见图 8-3）。唐朝是椅桌兴起的起始年代，椅子和凳子开始成为人们的主要坐具。当时椅子的种类已经有了很多，包括手椅、圈椅、宝座等。到了宋代，垂足坐的高型家具达到了普及，成为人们起居作息家具的主要形式。与前代相比，宋代家具种类更多，床、桌、椅、凳、长案、柜、衣架、屏风等都得到了完善和改进。这个时期的家具在形式上已经达到了中国古典家具的鼎盛时期，这个时期家具的特点有：开始有效仿古代建筑梁柱木架结构方法的意识；开始注重木质的材料和加工工艺；开始注重桌椅配套与日常起居相适应。

图8-3　隋唐大型宴会的长桌、长凳和家具

[案例 8-1] 唐朝家具的风格

受到外来文化的影响，唐代家具的装饰风格也摆脱了以往的古拙特色，取而代之是华丽润妍、丰满端庄的风格。

月牙凳在唐画中屡屡可见，它是唐代上层人家的常用家具，也是贵族妇女的闺房必备。月牙凳体态敦厚、装饰华丽，与丰腴的唐代贵族妇女形象非常谐和，是具有代表性的唐代家具。

唐代《宫乐图》如图 8-4 所示。画中的餐桌体大浑厚，装饰华丽。贵妇们座下是月牙凳，又称腰圆凳，凳面略有弧度，符合人体工程学。

图8-4　唐代《宫乐图》(宋摹本)，台北故宫博物院藏

2. 明式家具(明中期至清早期)

中国古典家具从明朝中期开始到清朝早中期进入了发展的顶峰，被称为"中国古典家具的黄金时期"。明代家具按照不同的用材和工艺分为以下几种。第一，传统的漆饰家具。在当时，雕填工艺使漆饰家具发展到了顶峰。第二，新颖的硬木家具。此时出现了黄花梨、紫檀木、鸡翅木等硬木家具(见图 8-5、图 8-6)，这种高级硬木家具受到了当时的广泛欢迎。第三，

软木家具。以榆木等为代表的明代软木家具，在明代达到了高峰。第四，竹藤、山柳制作的民间家具。此种家具在民间广为流传。第五，陶、石制作的家具。

图8-5 明万历，黑漆棋桌，高度为84cm，
长度为84cm，宽度为73cm

图8-6 明代黄花梨灯架

[案例 8-2] 填漆戗金云龙纹立柜 (见图 8-7)

尺寸：高174cm，横124cm，纵74.5cm。

柜四面平式，对开两扇门，门间有活动立栓，铜碗式门合叶，柜内黑漆里，设黑漆屉板2层。两扇柜门上下均饰菱花式开光，上部左右两开光内有黑万字红方格锦纹地，饰戗金龙戏珠纹，填彩海水江崖纹。下部左右两开光内饰鸳鸯戏水图。柜四周边框和中栓戗金填彩开光内饰朵花纹。柜侧戗金填彩云龙和海水江崖纹样，边沿开光内饰填彩花卉纹。柜后背上部填彩戗金牡丹蝴蝶纹，下部填彩松鹿、串枝牡丹纹，并阴刻戗金"大明万历丁未年制"楷书款。

此柜工艺精湛，为明代漆家具的代表作品。

[案例 8-3] 明代花梨肩舆 (见图 8-8)

肩舆的形制与圆后背圈椅类似。靠背板、鹅脖及连帮棍上均挂有夔纹角牙，靠背板之下有云纹亮脚，靠背板下的三面嵌装四段带有炮仗洞开孔的绦环板，绦环

图8-7 填漆戗金云龙纹立柜

板下为高束腰，束腰上嵌装绦环板，两根抬杆正好可夹在束腰里。座面之下的腿足间装券口，足端踩在长方形高束腰台座之上，台座面装藤屉。肩舆的座面、束腰及台座的四边均嵌有铜镀金包角。

此肩舆为仿圈椅的形式制作而成，靠背与扶手使用圆材，一木连做，弧线圆婉流畅，雕刻花纹精湛传神，造型洗练大方，其悦人的艺术效果已远远超出了实用价值。

图8-8 明代花梨肩舆

3. 清式家具(清中期以后)

清初家具沿袭着明式家具的风格，但随着满汉文化的融合以及中西文化的交流，清康熙年间逐渐形成了注重形式、追求奇巧的清式家具风格，到乾隆时期达到巅峰。尤其是乾隆时期的宫廷家具，材质优良、做工细腻，是清式家具的典型代表。以清中期为代表的清式家具，式样多变，追求奇巧，中西合璧，富丽豪华。造型上突出厚重的雄伟气度，制作商汇集雕、嵌、描、绘等高超技艺，品种上不仅具有明代家具的类型，而且还延伸出了诸多形式的新型家具，使清式家具形成了有别于明代风格的鲜明特色。

[案例8-4] 紫檀席心描金扶手椅 (见图8-9)

紫檀席心描金扶手椅从外观看，颇为俊秀华丽，但从其用料方面看，是异常节俭的。先从四条腿说起，四条直腿下端饰回纹马蹄，上部饰小牙头，这在广式家具中通常用一块整料制成。而此椅却不然，四条直腿平面以外的所有装饰全部用小块碎料粘贴，包括回纹马蹄部分所需的一小块薄板。椅面下的牙条也较窄较薄，座面边框也不宽，中间不用板心，而用藤席，又节省了不少木料。再看上部靠背和扶手，采用拐子纹装饰，拐角处用格角榫拼接，这种纹饰用不着大料，甚至连拇指大小的小木块都可以派到用场，足见用料之节俭。

图8-9　紫檀描金万福纹扶手椅

8.1.2　国外古典家具的发展历程

同中式古典家具一样，欧洲古典家具也打上鲜明的时代烙印，成为历史的见证，以下一个简要示意图就能将清楚家具的发展脉络：古埃及、古希腊、古罗马时期的家具——中世纪家具——文艺复兴时期的家具——巴洛克时期家具——洛可可时期家具——新古典家具——维多利亚时期的家具。

古埃及家具（公元前3100—公元前311年）。此时的家具由直线组成；动物腿脚椅和床；采用几何或螺旋形植物图案装饰，用贵重的涂层和各种材料镶嵌；用色鲜明、富有象征性；凳和椅子（见图8-10）是家具的主要组成部分，也出现了不少柜式的家具，用于储藏衣被。埃及家具对英国摄政时期和维多利亚时期及法国帝国时期的影响比较大。

古希腊家具（公元前650—前30年）：当时的人们生活非常节俭，装饰相对简朴，但也开始有了简单的装饰，其中"克利奈"椅是最著名最早的形式。古希腊已掌握了在木材上打蜡的工艺，从木材干燥到表面装饰，古希腊和埃及有同样高的质量。古希腊的家具多采用精美的油漆图式，其中最常见的装饰是在蓝色底漆上画上代表希腊装饰特点的棕榈涂带饰。有些家具的脚形已经完全动物化了，有些椅子的脚是动物的翅纹、人面狮身或类似的图案（见图8-11）。

图8-10　古埃及王国时代第四王朝黄金手扶椅

图8-11　古希腊黑灰式陶瓶画上的躺椅

图 8-12 和图 8-13 所示为美国家具设计师复制的古希腊家具。

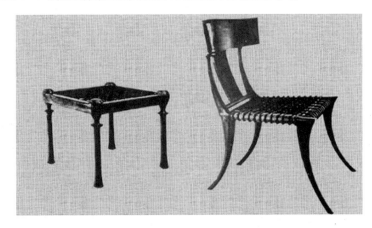

图8-12　美国家具设计师复制的古希腊家具(1)

图8-13　美国家具设计师复制的古希腊家具(2)

古罗马家具 (公元前 753—公元 365 年)：罗马的木家具以使用名贵的木材和金属贴面著名。除木制家具之外，罗马的铜质和大理石家具都取得了很大的成就。这些家具多数雕刻着狮首、人像和叶形装饰纹样。罗马的皇宫贵族都拥有这样的装饰品。象牙、木料、大理石成为古罗马家具的主要用材，桌子、椅子、凳子都是由耐久性物质制成。在古罗马家具中，金属制品使用广泛，铜制的火盆、青铜的吊灯、铜镜子、各种银器等在中上层社会已经非常普遍了。古罗马家具的设计是希腊式样的变体，其特点是家具厚重，装饰复杂、精细，采用镶嵌与雕刻，长有动物足、狮身人面像装饰或者带着翅膀的鹰头狮身的怪兽。家具中结合了建筑特征，采用了建筑处理手法，三腿桌和基座很普遍，使用珍贵的织物和垫层。

哥特式建筑形式的家具：中世纪高峰与末期的家具采用哥特式的建筑形式，采用建筑的装饰主题，如花窗格、四叶式、布卷褶皱、雕刻品和镂雕，柜子和座位不仅为镶板结构，柜子既可作储藏又可当座位。

文艺复兴时期的家具 (见图 8-14、图 8-15)：具有冲破中世纪封建性和闭锁性的文化特征。

将文化艺术从宫殿移向平民，在对古希腊文化、古罗马文化再认识的基础上使古典样式再生和充实。文艺复兴开始于14世纪的意大利。15—16世纪时进入繁盛时期，又在欧洲各国逐步形成各自独特的样式。意大利文艺复兴时期的家具强调表面雕饰，多运用细密描绘的手法，具有丰裕华丽的效果。英国文艺复兴的样式可以看见哥特式的特征，随着住宅建筑的发展，室内工艺占据了主要位置。

图8-14　文艺复兴时期的家具(1)

图8-15　文艺复兴时期的家具(2)

巴洛克时期的家具：极具装饰性，这一时期的家具可以追溯到17世纪末至18世纪初。当时两家最重要的家具制造商和家具雕刻商是丹尼尔·麦若特龙和安德·布鲁斯特龙。巴洛克风格的家具占主导地位的母体有：古典叶纹装饰、山楣、垂花幔纹、面具、狮爪式器足、中国风样式及人像装饰等，这种家具使用奢侈昂贵的材料，包括半宝石拼嵌、细木镶嵌、用天鹅绒作为家具的蒙面，雕刻感十足，如图8-16至图8-19所示。

图8-16　巴洛克风格的家具(1)

图8-17 巴洛克风格的家具(2)

图8-18 巴洛克风格的家具(3)

图8-19 巴洛克风格的家具(4)

巴洛克 (Baroque) 的原意是不规则的、怪异的珍珠，虽然在当时是个贬义词，但现在，巴洛克风格已经成为人们争相追捧的一种艺术风格。巴洛克风格与文艺复兴的安静风格正好相反，巴洛克风格更多的是动感、空间感、豪华、激情，追求新奇、戏剧性、夸张。这更加验证了，哪里有束缚，哪里就有反对束缚的力量萌发。

洛可可时期的家具 (见图 8-20 至图 8-22)：以极度华丽纤细的曲线著称，复杂自由的波浪线条为主，室内装饰多用镶嵌画及许多镜子，形成一种华丽轻快、优美雅致、闪耀虚幻的效果。这样形成了洛可可艺术缺少深刻的思想内容和文明的主旨，仅以外形富丽堂皇、装饰精巧奇特、有意不对称见长，以复杂的曲线著称，体现政治民主化。植物类，有小花叶、球花、系有丝带的小花束、花形优雅的花篮、棕榈树、月桂树、芦苇和棕榈盘绕的花叶和花环、玫瑰花、莒荚菜；古典乐器类，有小提琴、方孔竖笛、窄长形鼓等。

新古典主义的家具：19 世纪，新古典主义在英国视觉艺术中颇为流行，它摒弃了浪漫主义和巴洛克风格的繁复，影响着戏剧、音乐、文学、建筑等多个领域，并延续到室内及家具设计等方面。拿破仑帝国时期的新古典主义风格，强调朴素对称、注重细节，家具中大量使用了凹槽纹样、卷草饰、叶饰、马蹄脚等雕刻图案，这些也成为"维多利亚"套系最直接的灵感源泉。

图8-20　洛可可时期的家具(1)

图8-21　洛可可时期的家具(2)

图8-22　洛可可时期的家具(3)

8.1.3　现代风格的家具

现代家具的特点是实用、美观、经济，材料多样化、生产标准化，且对功能高度重视，具有简洁的外形、合理的结构、多样的材料。现代风格家居的装饰手法是，大量使用钢化玻璃、不锈钢等新型材料作为辅料，给人带来前卫的感觉。

现代家具分为八大风格：现代前卫、现代简约、雅致主义、新中式、新古典、欧式古典、美式乡村以及地中海风格。不同的风格有不同的特点及生活方式：现代前卫对应另类、现代简约对应时尚、雅致对应优雅、新中式对应怀旧、新古典对应高贵、欧式古典对应华丽、美式乡村对应休闲、地中海对应浪漫。

现代前卫风格的家具依靠新材料、新技术，追求突破常规的空间。大胆、鲜明是它总体的特点。从客厅的家具布局方面看，现代前卫的客厅设计简洁大方，背景墙可以是深色的，如图 8-23 所示。家具多以线条简约流畅、色彩对比强烈为特点，多使用钢化玻璃、不锈钢等新型材料为辅材。餐厅的家具摆放中会摆放不规则的仿古的马赛克砖石。走廊会用一株盆景搭配单色的背景墙，摒弃了传统的走廊背景墙。卧室的家具摆放以安详、宁静为主，用床柜代替电视柜，既环保又简约。

图8-23　现代前卫风格的家具

　　现代简约风格的家具很适合当下"极简主义"的生活哲学。这个类型的家具线条简约，与现代风格的家具类似，大量采用钢化玻璃和不锈钢的材料进行装饰。现代简约风格追求风格至上、功能至上的原则，形式服从功能，所以在设计时吊顶、主题墙等在这一风格中很少能够见到。如图 8-24 至图 8-26 所示。

图8-24　简约风格家具(1)

图8-25 简约风格家具(2)

图8-26 简约风格家具(3)

　　雅致主义风格家具很受文艺界和教育界的业主的喜欢，这些人注重品位、强调舒适和温馨，但又要相对简洁的设计风格。雅致主义风格的家具注重家具材质，用富丽温馨的色彩和华美的织物进行室内装饰，如图 8-27、图 8-28 所示。强调色彩柔和、协调，配饰大方稳重、注重实用和舒适。在进行室内设计的时候，雅致主义风格的家具以田园或欧式的居多，如图 8-29、图 8-30 所示。

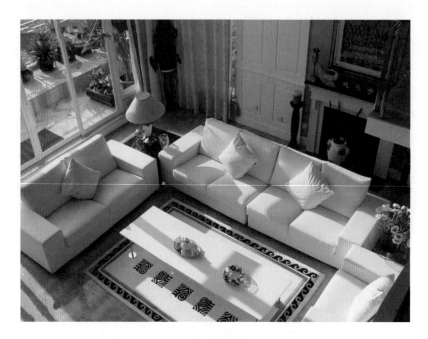

图8-27　雅致风格的家具(1)

图8-28　雅致风格的家具(2)

图8-29 欧式田园风格的家具(1)

图8-30 欧式田园风格的家具 (2)

　　新中式风格家具并非完全意义上的复古明清，而是通过中式风格的特征，表达对清雅含蓄、端庄丰华的东方式精神境界的追求。新中式风格主要包括两方面的基本内容：一是中国传统风格文化意义在当前时代背景下的演绎；二是对中国当代文化充分理解基础上的当代设计。新中式风格不是纯粹的元素堆砌，而是通过对传统文化的认识，将现代元素和传统元素结合在一起，以现代人的审美需求来打造富有传统韵味的事物，让传统艺术在当今社会得到合适的体现。

[案例 8-5] 新中式风格家具案例

经典的东方元素融于当代的设计手法中，寓古于今，用一种现代的设计语言来诠释着东方文化的意蕴，如图 8-31 所示。

图8-31　新中式家具(1)

厨房与玄关、客厅与厨房以及书房与走廊之间的原有隔墙全部被打掉，使整个空间开阔舒适，浑然一体，如图 8-32 所示。

图8-32　新中式家具(2)

厨房与书房均为开放式，客厅沙发背后透明的夹丝玻璃，厨房的中式隔断既隐约地划分了空间，又在整体上丰富了空间的层次，局部镜面的使用使空间更显通透感，如图 8-33 所示。

图8-33　新中式家具(3)

设计在用材上也尽显古意盎然，高档的米黄云石地面，稳重的黑檀木，典雅秀丽的中式墙纸以及留白简化的天花明确了空间的基调，而那偶然出现的一点红、一抹绿又丰富了空间的色彩关系。如图 8-34 所示。

图8-34　新中式家具(4)

　　新中式风格要点：中国风的构成主要体现在传统家具（多为明清家具）、装饰品及黑、红为主的装饰色彩上。室内多采用对称式的布局方式，格调高雅，造型简朴优美，色彩浓重而成熟。中国传统室内陈设包括字画、匾幅、挂屏、盆景、瓷器、古玩、屏风、博古架等，追求一种修身养性的生活境界。中国传统室内装饰艺术的特点是总体布局对称均衡，端正稳健，而在装饰细节上崇尚自然情趣，花鸟、鱼虫等精雕细琢，富于变化，充分体现出中国传统美学精神。

新古典家具风格家具其实是经过改良的古典主义风格。欧洲文化丰富的艺术底蕴，开放、创新的设计思想及其尊贵的姿容，一直以来颇受众人喜爱与追求。新古典风格从简单到繁杂、从整体到局部，精雕细琢，镶花刻金都给人一丝不苟的印象。一方面保留了材质、色彩的大致风格，仍然可以很强烈地感受传统的历史痕迹与浑厚的文化底蕴，同时又摒弃了过于复杂的肌理和装饰，简化了线条。无论是家具还是配饰均以其优雅、唯美的姿态，平和而富有内涵的气韵，描绘出居室主人高雅、贵族之身份，如图8-35至图8-37所示。

图8-35　新古典主义家具(1)

图8-36　新古典主义家具(2)

图8-37　新古典主义家具(3)

　　欧式古典主要包括意大利风格、法国风格、西班牙风格、德国风格，延续 17 世纪至 19 世纪皇室、贵族家具特点，讲究手工精细的裁切、雕刻及镶工，在线条、比例设计上也能充分展现丰富的艺术气息，浪漫华贵，精益求精。欧式古典风格是一种追求华丽、高雅的古典。为体现华丽的风格，家具框的线条部位饰以金线、金边，墙壁纸、地毯、窗帘、床罩、帷幔的图案以及装饰画或物件为古典式。欧式家具是一种品位的象征。而最具欧式古典神韵的主要是意大利、法国和西班牙风格的家具，如图 8-38、图 8-39 所示。

图8-38　欧式新古典家具(1)

图8-39　欧式新古典家具(2)

　　地中海式风格家具以古旧的色泽为主，一般多为土黄、棕褐色、土红色。线条简单且浑圆，它们非常重视对木材的运用，为了延续古老的人文色彩，它们的家具甚至直接保留木材的原色。主要包括以下几个特点：第一，地中海风格中的铁艺家具是地中海风格独特的美学产物。线条优雅舒展的铁艺床、铁艺吊灯、铁艺台灯都默默诉说着主人的复古情怀。第二，竹藤家具。在希腊爱琴半岛地区，手工艺术的盛行，使得当地的人们对自然竹藤编织物非常重视，因此竹藤家具在地中海地区占有很大的比重，它们从不受现代风格的支配，祖先流传下来的古旧家具被这里的人们小心翼翼地保护着，他们相信这些家具使用的时间越长就越能体现出古老的风味。第三，做旧工艺。地中海式风格家具另一个明显的特征是家具上的擦漆做旧处理，这种处理方式除了让家具流露出古典家具才有的质感，更能展现出家具在地中海的碧海晴天之下被海风吹蚀的自然印迹。第四，典型的地中海色。象征太阳的黄色、天空的蓝色、地中海的青色以及橘色，是地中海地区常见的主要色系，而这种和大自然亲近的特征，便是让人们感受到舒适与宁静的最大魅力。在我们常见的"地中海风格"中，蓝与白是比较主打的色彩，所以蓝色的家具是用得较多的。

[案例 8-6] 地中海式风格家具

　　地中海式风格家具最明显的特征之一是家具上的擦漆做旧处理，这种处理方式除了让家具流露出古典家具才有的质感，更能展现出家具在地中海的碧海晴天之下被海风吹蚀的自然印迹，在客厅一侧的休息区摆上这样的家具，再用绿色小盆栽、白陶装饰品和手工铁烛台装饰一番，便可以形成纯正的乡村感，如图8-40、图8-41所示。

　　地中海式风格中选用铁艺床也比较多，它的材质很符合地中海风格的独特美学，如图8-42所示。

图 8-40　地中海式风格家具 (1)

图 8-41　地中海式风格家具 (2)

图8-42　地中海式风格家具(3)

　　厨房地面铺彩色陶砖；家具有岁月的斑驳感；配饰休闲自然，采用天然材料，比如厚重的原木，家具也是尽量采用低彩度、线条简单且修边浑圆的实木家具或藤类等天然材质，如图 8-43 所示。

图8-43　地中海式风格家具(4)

综上所述，家具的类型、特点、形式、功能和制作水平都反映了当时社会的发展水平及社会生活方式，足以看出，家具是某一国家或地域在某一历史时期社会生产力发展水平的标志，是某种生活方式的缩影，是某种文化形态的彰显，因为家具凝聚了丰富而深刻的社会性。

8.1.4　室内家具的配置原则

在家具配置过程中有需要遵循一定的原则，总结为四点：和谐统一、尺度相称、优化生活、灵活应用。

和谐统一是美学范畴中最重要的标准之一，同样也是室内设计的重要衡量标准。除了视觉感官上的和谐之外，在使用过程中也要满足和谐统一这一原则。家具配置中的和谐统一包括空间的协调和自身的统一。首先，从使用功能上要做到和谐统一。家具功能同居室功能一样，要做到和谐统一。如果卧室始终摆放餐桌就与室内的功能很不和谐。其次，色彩、风格要和谐统一。如现代风格的居室与完全古色古香的家具陈设就格格不入。最后，家具之间的配置也要和谐。尤其是大件家具与小件家具之间的搭配陈设要和谐。在进行室内设计时，除了要把握家具的个性特征之外，还应从室内环境的整体出发，在统一中求变化，并从其风格、造型等多个角度进行衡量和解读，要考虑与整体环境、与家具、与使用功能多个方面和谐统一。

[案例 8-7] 和谐统一的家具设计

该案例中的家具设计与周围环境达成了高度统一，不论从颜色上还是从造型上，都体现了家具本身及环境的华贵特质，如图 8-44、图 8-45 所示。

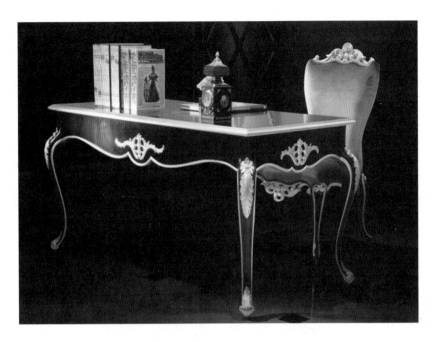

图8-44　与周围华贵环境相统一的桌子设计

图8-45　与周围华贵环境相统一的沙发设计

　　尺度相称原则是指家具配置要从三个方面进行考量。首先，作为室内空间中占有大部分空间的家具，应该进行有选择地摆放，讲求选择的精准和摆放的合理。家具的布局要突出个性、富有特色。使家具既能起到实用作用，又能起到美化作用。其次，家具的摆放数量和造型的风格会直接决定室内空间舒适度的高低，有设计师和学者研究证实，室内空间中家具的数量保持在室内空间面积的35% ～ 40%最为合适，同时，也需注意家具平面和立面的尺寸。最后，从色调上来说，因为室内空间每个居室的功能不同，色彩的设计也不尽相同，色调是一个空间或者整套空间众多物品所呈现色彩的综合体，一个空间的六面体，装饰材料、家具、装饰小品、灯具等都应该与空间的色调产生某种联系和延续性，如图 8-46、图 8-47 所示。

图8-46　金色墙壁打造优雅家装，墙壁也可以很优雅　　　　图8-47　不管从家具设计还是从色调选择上，该作品都符合尺度原则

优化生活是指家具的配置不仅能够满足室内设计的物质功能又要满足其精神功能，根本目的在于满足人们的居住行为和心理需求。优化生活包括两部分：第一，传承人们的优良的使用习惯；第二，改变人们的某些不良的使用习惯，对人们的使用习惯进行改良。如整体衣柜的设计既延续了人们的储藏习惯，又增强了人们的舒适度，使空间得到有效的利用。虽然家具的布局并不能从根本上决定和改变人的行为，但能够起到一定的指导和暗示作用，家具配置应该正确引导健康的居住行为，所以，恰当的家具设计可以提高生活档次，优化生活模式。

灵活运用。室内空间形式的灵活运用一方面能够充分利用空间，另一方面还能根据生活要求随时改变布置形式。在北京、上海这样的大城市，有很多小户型的房间，因此，空间的灵活运用也是家具布置的原则之一。首先，在家具布置方面，使用多种功能并存的形式，这样可以达到一物多用的目的。如懒人沙发，既可以做沙发又可以做床。其次，"借天不占地"。充分利用房间的上部空间，尽量不让家具占用地面空间，现在流行小卧室的双层床等都是用这种原则进行设计和摆放的，如图 8-48 所示。

图8-48　可节省空间的双层床

8.2　室　内　织　物

　　织物是现代室内装饰中一项重要的构成要素，随着人们审美水平的提高，它对营造室内环境有着越来越重要的意义。室内设计中的室内织物开始出现多品种、立体化、绿色的倾向。从豪华的宾馆、饭店到普通的居家住宅，从客厅、卧室到卫生间、厨房，从办公室到车船、飞机的内部空间，从实用的窗帘、地毯、床罩被褥、桌椅台幔、各种巾类到装饰性的壁挂、壁饰等，处处都要用到织物进行室内装饰。如图 8-49、图 5-50 所示。

图8-49　让人耳目一新的床品设计

图8-50　室内织物设计

8.2.1 室内织物概述

从远古时期，人们开始对柔软质感的织物产生自然的亲近感，它的质地和可塑性使它成为人类衣食住行不可缺少的元素。从先民的劳动和生产中可以发现，他们通过不断的劳动和能动性的思考发明了织布技术，用来代替粗糙的兽皮、树叶等用来御寒遮体的衣物。从此，人类真正告别了野蛮，进入了文明时代。在织物的演变过程中，除了主要应用于服装制作和室内用品之外，还视不同的人群而定。不同的地域环境、文化背景等的千差万别，使对织物用品的材质、机能、造型等的物质需要和精神诉求也各具人文面貌。

现代室内织物装饰艺术成为室内设计的重要分支，在一定的设计理念的指导下，设计师应完成适于现代建筑内部装置使用的某种既具特定实用功能又富有强烈审美作用的装饰织物造型活动，如图 8-51 所示。

图8-51　织物设计如今在室内设计中占有很重要的地位

由于我们想探讨的织物用品被局限于其所处的空间环境，于是在研究与创作这类织物装饰品时，不但要考虑其独立的造型个性，还要兼顾它与室内周围环境构成要素的相互匹配关系。实践表明，只有依此思路构成的室内织物装饰艺术造型，才能堪称真正实现了现代室内织物装饰设计工作的最终目标，如图 8-52 所示。

图8-52　如何将室内织物与室内设计统一起来成为设计师始终应该探寻的目标

8.2.2　室内织物的类型

　　室内织物的用途是美化室内环境，只有舒适、实用、艺术的室内织物才能将美化的用途发挥到极致。室内织物的应用非常广泛，不管是私人空间还是公共空间，都能看到织物的影子（见图8-53、图8-54）。室内织物从用途分有窗帘、床罩、靠垫、椅垫、沙发套、桌布、地毯、壁毯等；从质感分有轻薄、厚实、光滑、粗糙等；从艺术风格分，有豪华富丽、精细、高雅、粗犷、奔放、幻想、神秘、热烈、活跃、宁静、柔和等；从材料分有棉、毛、丝、麻、化纤等。

图8-53　窗帘成为在室内占有最大面积的织物之一

图8-54　桌布也是室内织物的一种

　　首先，按照织物的实用性对织物进行分类。实用性是实用美术与欣赏美术最大的不同之处，这也成为引导设计师思路的出发点，因为现代设计产品的基本特征是反映在实用性与审美性的高度统一上。例如在建筑空间内部，织物凭借本身轻盈、美观、造型多样的特点，构成了它在室内环境中作为导向类空间构成的必要条件，如门帘、帷幔、屏风等，可以通过织物的摆设构造虚实空间或围合空间，创造最佳的室内空间环境。在室内空间中还存在平面诱导的织物，如地毯。借助这类织物能够引导人们的视线与行为从复杂流向的空间中进入特殊的空间。

[案例 8-8] 能够影响室内设计风格的桌布织物

织物在现代室内设计中不仅起到实用的作用，其色彩、质感、花纹、用料都可以影响整个室内设计的风格，起到画龙点睛的作用。

图 8-55、图 8-56 的桌布设计无论是在色彩搭配上，还是图案组合上都表现出浓郁的民族风情，与之搭配的桌旗则是传统味儿十足，这种亦庄亦谐的组合可谓相映成趣。质朴的亚麻搭配高贵的丝绸，即使面积的不同，它们也能找到契合之处。

单一的米色纯棉桌布在四周加入了一条咖啡色布条，虽然小小地活跃了一下氛围，但整体感觉还是有些单一。用咖啡色暗花纹桌旗做调剂，看上去就有层次分明的感觉。即便搭配简单的白色餐具，在视觉和质感上也被烘托得毫不逊色。

图8-55 蓝色系桌布能影响整个室内设计的风格　　**图8-56 华丽的桌布可以更加衬托出室内设计的风格**

其次，按照工艺的方式进行划分。建筑家格罗皮乌斯在包豪斯建校宣言中提出的"艺术与技术新的统一"的口号，是从理论的视角把工艺技术因素强化到了与艺术表达并驾齐驱的高度，从而为确定工艺技术在现代艺术设计中的地位发挥了举足轻重的作用。在人们对生活质量的要求逐渐提高的今天，织物的工艺性在特殊的审美认识上更加突出。从古至今，人类对织物的制作过程因民族、创作意向、使用功能、材料选用都有不同的手法。按照手法的不同，织物分为印染类、织花类、编艺类、刺绣类、缝纫类等多种造型种类。不管哪种织物，只要进入给定的建筑内部空间环境中去，并同其他室内构成要素交相呼应、相得益彰时，其对人的审美规范和室内空间氛围的营造更显得意义非凡。

[案例 8-9] 手工织物墙

　　毕业于英国皇家艺术学院纺织设计系的荷兰设计师 Wies Preijde 设计了这一系列的手工织物墙 (见图 8-57 至图 8-60)，并用它们围出各种空间，给我们带来不一样的视觉享受。

　　在这个"透明"的家中，线条、色彩、图案影响走过走廊的人们的观感。这些平面的抽象图案，为人们提供一个三维的视觉印象，形成了一种新的空间感。那些图像形成假象的走廊和空间印在半透明的织物上，让人觉得既有趣又好奇，不断在走廊中四处走动，发现空间中的各种扑面而来的色块，对各种空间进行体验。

图8-57　手工织物墙(1)

图8-58　手工织物墙(2)

图8-59　手工织物墙(3)

图8-60　手工织物墙(4)

最后，从造型上进行划分。造型即织物的形态、色彩、结构、材料、工艺，国际流行的主体室内装饰织物艺术创作风格(见图8-61、图8-62)，可概括为各尽美学意蕴的古典式、民族式、国际式、观念式四大造型类别。

图8-61　精美的室内织物

图8-62　具有民族风韵的织物

8.2.3　室内织物在现代室内装饰中的装饰功能和使用功能

在现代室内环境中，室内织物品种越来越多，它以独有的轻柔、艳丽、高雅，为我们的室内环境增添了不少亮色，使我们的建筑空间更加整体和谐且实用。室内织物有实用和装饰的双重功能，不但美化了室内环境，还能使消费者的使用心理得到满足。织物的实用功能通过产品的内在质量和工艺技术达到，装饰功能则是通过产品的色彩及纹理来实现。

室内织物借助织物的图案、色彩、材质、纹理来调整室内的风格基调，它的装饰功能要综合考虑室内环境。环境要素包含两层含义：织物所处的室内环境及织物在环境中的作用。各类织物在室内环境中所起的作用、所处的装饰地位各有不同，使用的方法、形式也不同，因而它们的装饰也不相同，如图 8-63 所示。

图8-63　展现原始风情的室内织物

[案例 8-10] 朱玉晓室内设计

朱玉晓是中国最早一拨的独立设计师，他一直倡导的设计理念就是：观念决定一切。在他看来，做设计应该是自由的，是无限变化的，其实质是探索我们以什么样的观念来重新界定生活，所以他最擅长的是破旧立新。

在图 8-64 至图 8-66 中，我们可以看到朱玉晓对室内设计重新的定义与解构，在他的设计中，所有的元素都是辅助主题的，所有的元素都是新潮的，都是突破常规的，但又让人感觉在情理之中。包括织物设计，从窗帘到抱枕，所有的织物都与环境相得益彰，表现出了很好的统一性与和谐性。

图8-64　朱玉晓室内设计中的织物设计(1)

图8-65　朱玉晓室内设计中的织物设计(2)

图8-66　朱玉晓室内设计中的织物设计(3)

下面来分别说明挂帷遮饰类、家具覆饰类、地面铺饰类和墙面贴饰类四大类织物在室内中的基本装饰情况。

1.挂帷遮饰类

由于挂帷类织物为悬垂状使用，织物呈有规律的褶皱形态，具有起伏对比的韵律节奏，极富装饰性，如图 8-67 所示。如垂直悬挂使用的窗帘，好的窗帘图案与室内色彩进行配置，可以使室内产生一道亮丽的风景线，宛若一幅精美的壁画。现代室内装饰中，挂帷类织物所占面积越来越大，落地式长帘已被普遍运用，有时窗帘占据整幅墙面，规则的褶皱使其图案时隐时现，加上图案匀称，色彩宜人，能产生美好、舒适的气氛与情调，如图 8-68 所示。

图8-67　甜美风格的床幔

图8-68　简约的现代主义风格的窗帘

2. 家具覆饰类

由于沙发、椅子、靠垫等小型家具具有体积小、多方位立体造型、随家具的形体转折而变化、有较强的立体效果和醒目的视觉印象、可随时移动位置等特点，因此家具覆饰类的织物主要起点缀环境和活跃、调节环境气氛的作用，在室内装饰的总体配套中起着重要作用，如图 8-69 所示。

图8-69　沙发、坐垫、窗帘等室内织物的统一

3．地面铺饰类

地毯铺于地面之上，占地面积较大，装饰的效果是"稳与实"。现代装饰意趣的几何图形、抽象图案、变化图案与形成马赛克镶嵌式结构或几何交错式结构给人以平稳、匀称、浑厚、完整的感受。某些特殊部位，如客厅中央，可采用合适纹样格局，以形成整个地面中心（见图 8-70、图 8-71）。

图8-70　造型独特的地毯　　　　　　　　　图8-71　具有环保意识的地毯

4．墙面贴饰类

墙布是室内总体装饰的主要角色，而且是唯一不轻易更换的装饰织物，装饰的作用和意义尤为重要。墙面贴饰的墙布是一个房间的底板，其图案、色彩构成了室内环境的基调，室内装饰往往是以墙面的装饰风格为基础展开的；墙布的纹样题材创造了一个悠闲舒适的环境，给人以宁静清新的气息和舒心愉悦意趣之感（见图 8-72）。随着人们生活水平的不断提高，消费者的习俗信仰、文化素养、经济实力、社会地位等方面，都影响着他们对室内装饰的品位爱好，现今消费者通过织物的装饰功能作用，开始更多地强调装饰的个性化与时尚化。

图8-72　能够体现室内装修风格的墙布

本 章 小 结

　　室内家具的设计与布置和室内织物是构成室内设计的重要元素，其设计与布局在室内设计中占有重要的地位。室内家具与室内织物已经不仅仅成为满足人们物质需要的载体，更加体现了主人的社会地位与品位。因此，做好室内设计必须要养成统一观，在这些室内设计元素上进行多重的考量。

思考练习题

　　1.室内家具的配置原则是什么？

　　2.洛可可家具的特点是什么？请举例说明。

　　3.室内织物有哪些？

实训课堂

　　实训课题：设计一款窗帘。

　　(1) 内容：设计一款窗帘，最终以手绘稿的形式展现。

　　(2) 要求：以地中海风格的室内设计为前提，设计一款与该风格相匹配的窗帘，最终以手绘稿的形式展现。

第9章

住宅与餐饮的室内空间类型分析

核心概念

住宅室内设计　餐饮室内设计

本章导读

室内空间的多种类型，是基于人们丰富多彩的物质和精神生活的需要。日益发展的科技水平和人们不断求新的开拓意识，必然还会孕育出更多样的室内空间，本章作为本书的案例章节介绍了住宅与餐饮的室内空间的特点。

9.1　住宅室内设计

如今，随着社会生活的发展与进步，人们对于生活水平、生活品质有了更新、更多的要求，也越来越注重住宅的室内设计。住宅是人们休息起居的地方，也是精神寄托的载体之一。"人以居为先"，住宅应该以舒适为本，在此基础上，体现出文化品位、精神诉求。因而，创造出人性化、实用化、风格化以及具有文化品味的住宅空间，已成为室内设计师们共同奋斗的目标和研究探索的重要课题。

9.1.1　住宅的基本概念

"住宅"是一种以家庭为对象的人为生活环境。狭义地说，它是家庭的标志；广义地说，它是社会文明的体现。

《礼记·曲礼下》："君子将营宫室，宗庙为先，厩库为次，居室为后。"这说明中国古代对居室以宗法为重心，以农耕为根本的社会居住法则，兼顾精神与物质要素。在西方，古罗马帝国建筑家波里奥认为："所有居室皆需具备实用、坚固、美观三个要素。"两千年前就已在实质上把握了机能、结构和精神价值。

到了现代，美国著名建筑师赖特倡导"机能决定形式"，认为人是自然的一部分，居住者应接受足够的自然生活要素。建筑师应与自然一样地去创造，一切概念意味着与基地的自然环境相协调，使用木材、石料等天然材料，考虑人的需要和感情。

柯布西耶认为："住宅是居住的机器。"柯布西耶强调以数学计算和几何计算为设计的出发点，一方面使建筑具有更高的科学性和理性特征，同时体现技术的原则。它不仅需要考虑生活上的直接需要，还要从更广泛的角度去研究和满足人的各种需求。比如，重视自我表达、多目标机能和道德价值等。

9.1.2 住宅空间的组成

住宅从空间的使用性质上大致可分为群体生活空间、私人生活空间以及家务工作空间三种不同的空间。

1. 群体生活空间

群体生活空间是以家庭公共需要为对象的综合活动场所。这种群体区域在精神上代表着伦理关系的和谐，是一个极富凝聚力的核心空间。因此，待客、休闲、娱乐、用餐、休息等都是以它为活动空间。

群体生活空间主要有玄关（门厅）、客厅（起居室）、餐厅、书房、阳台等区域组成。

1）门厅（玄关）

门厅（玄关）为住宅主入口直接通向室内的过渡性空间。这一空间内，通常可以布置鞋柜、挂衣架、衣橱、储物柜等，也可放置一些陈设物、绿植等作为装饰。设计合理、装修精良的玄关不仅是展示主人生活品位的窗口，同时更具有实用功能。因此设计师的匠心独运也往往体现在这细微之处。其设计形式多种多样。

在形式处理上，门厅应简洁生动，与住宅的整体风格应该统一协调，可做装饰屏障，使门厅具备识别性强的独特面貌，体现住宅的个性（见图9-1至图9-3）。

2）客厅（起居室）

客厅也称为起居室。起居室是家庭群体生活的主要活动场所，是家人娱乐、休闲、会客的中心，在中国的传统建筑空间中称为"堂"。起居室是住宅空间环境中使用活动最集中、使用频率最高的核心住宅空间，也是居室主人身份地位、内涵修养、经济实力的象征（见图9-4）。

图9-1 室内门厅设计(1)

图9-2　玄关设计

图9-3　室内门厅设计(2)

图9-4　客厅(起居室)设计

　　起居室作为家庭生活活动区域之一，具有多方面的功能，它既是全家活动、娱乐、休闲、团聚、就餐等活动场所，又是接待客人、对外联系交往的社交活动空间。因此，起居室便成为住宅的中心空间和对外的一个窗口，应该具有较大的面积和适宜的尺度，同时，要求有较为充足的采光和合理的照明。

　　起居室是室内设计中的"重中之重"，客厅的设计中，制造宽敞的感觉非常重要，宽敞的感觉给人带来轻松的心境和欢愉的心情。客厅在人们的日常生活中是使用最为频繁的，它的功能集聚放松、游戏、娱乐、进餐等。作为整间屋子的中心，客厅值得人们更多关注。因此，客厅往往被主人列为重中之重，精心设计、精选材料，以充分体现主人的品位和意境。

　　客厅是家居中最主要的公共活动空间，都必须确保空间的高度，这个高度是指客厅应是家居中空间净高最大者(楼梯间除外)。景观最佳化必须确保从哪个角度看到的客厅都具美感，这也包括主要视点(沙发处)向外看到的风景的最佳化。同时，客厅应是整个居室光线(不管是自然采光或人工采光)最亮的地方，当然这个亮是相对的(见图9-5、图9-6)。

图9-5　客厅(起居室)

图9-6　客厅设计

　　客厅的家具应根据该室的活动和功能性质来布置，其中最基本的、也是最低限度的要求是设计包括茶几在内的一组休息、谈话使用的座位（一般为沙发），以及相应的诸如电视、音响、书报、音视资料、饮料及用具等设备用品，其他要求就要根据起居室的单一或复杂程度，增添相应家具设备。多功能组合家具，能存放多种多样的物品，常为起居室所采用，整个起居室的家具布置应做到简洁大方，突出以谈话区为中心的重点，排除与起居室无关的一切家具，这样才能体现起居室的特点。一个房间的使用功能是否专一，在一定程度上是衡量生活水平高低的标志，并从其家具的布置上首先反映出来。起居室的家具布置形式很多，一般以长沙发为主，排成"一"字形、"I"形、"U"形和双排形，同时应考虑多座位与单座位相结合，以适合不同情况下人们的心理需要和个性要求。图9-7所示为客厅设计。

图9-7　客厅设计

3) 餐厅

　　餐厅是家庭日常用餐和宴请宾客的重要活动场所，创造一个舒适的就餐环境，使居室增色不少。一般来说，其位置靠近厨房，餐厅可采用独立餐厅、厨房与餐厅一体的通透式和共用式等形式（见图9-8至图9-10）。

图9-8　餐厅设计(1)

图9-9　餐厅设计(2)

图9-10　餐厅设计(3)

　　居家餐厅在设计上要求是便捷卫生、安静舒适,照明应集中在餐桌上面,光线柔和,色彩应素雅,墙壁上可适当挂些风景画、装饰画等,餐厅位置应靠近厨房。餐桌、椅、柜的摆放与布置需与餐厅的空间相结合,如方形和圆形餐厅,可选用方形或圆形餐桌,居中放置;狭长的餐厅可在靠墙或窗一边放一张长餐桌,桌子另一侧摆上椅子,这样空间会显得大一些。

　　4) 书房

　　住宅中的书房是供阅读、藏书、制图等活动的场所,是学习与工作的环境,可附设在卧室或起居室的一角,也可紧连卧室独立设置。书房的家具有写字台、电脑桌、书橱等,也可根据居住者的职业特征和个人爱好设置特殊用途的器物,如设计师的绘图台、画家的桌案等,书房空间的营造应体现文化感、宁静感以及主人的修养和内涵。形式表现上讲究简洁、自然、淡雅、质朴的风格。图 9-11、图 9-12 所示为书房设计。

图9-11　书房设计(1)

图9-12　书房设计(2)

5) 其他生活空间

住宅除了室内空间外，常常根据不同的条件设置有阳台、露台、庭院等家庭户外场所。阳台或露台，作为起居室或者卧室等空间的户外延伸，可设置坐卧家具，起到户外起居或阳光沐浴的作用。庭院则是别墅或寓所的户外生活场所，以绿化、花园为基础，配置供休闲、游戏的家具和设施，如茶几、座椅、摇椅、秋千、滑梯、游泳池等，其设计特点是创造一种享受阳光、贴近自然的环境氛围（见图9-13、图9-14）。

2. 私人生活空间

私人生活空间是专门为家庭成员进行私密性行为提供的空间，如就寝、更衣等。相应的室内空间主要包括主人卧室、客卧室、儿女次卧、更衣室及配套卫生间等。

图9-13　阳台设计

图9-14　露台设计

卧室是人们休息的主要处所，也是居室设计的重点之一。卧室设计得好坏，直接影响到人们的生活、工作和学习。

在设计上，应注意把握以下几点要求。

(1) 保证私密性。私密性是卧室最重要的属性，是人们休息的场所，也是家中最温馨与浪漫的空间。卧室要安静，隔音要好，可采用吸音性好的装饰材料；卧室门的设计最好采用不透明的材料，使其完全封闭。图 9-15 所示为卧室设计。

图9-15　卧室设计

(2) 体现实用功能。卧室里一般要放置大量的衣物和被褥,因此装修时一定要考虑储物空间,不仅要大而且要使用方便。床头两侧最好有床头柜,用来放置台灯、闹钟等随手可以触到的东西。有的卧室功能较多,还应考虑到梳妆台与书桌的位置安排。

(3) 设计风格简洁。卧室的功能主要是睡眠休息,属私人空间,不向客人开放,所以卧室装修不必有过多的造型,装饰不宜过多,还应与墙壁材料和家具搭配得当。卧室的风格与情调主要是由窗帘、床罩、衣橱等配饰决定的,它们往往决定了卧室的格调,成为卧室的主旋律(见图 9-16)。

(4) 注意灯光照明的设计。最好采用光线柔和、不直射眼睛的吸顶灯。除主要灯源外,还应设台灯或壁灯,以备起夜或睡前看书用。另外,角落里设计几盏光源,以便用不同颜色的灯泡来调节房间的色调,如黄色的灯光就会给卧室增添不少浪漫的情调(见图 9-17、图 9-18)。

图9-16　风格简洁的卧室设计

图9-17　卧室灯光照明设计

图9-18　卧室设计

3. 家务工作空间

家务工作空间是为家庭成员进行洗涤餐具和衣物、清洁环境等家务活动而提供的空间，主要包括厨房、洗衣房、家务室等。在设计此空间时，应重视其功能性，如空间的大小、空间的流线型，尽可能使用现代科技产品，以提高家务的工作效率、消除疲劳，增加家务劳动的乐趣。

厨房是家庭的劳作中心，专门处理家务膳食的工作场所，厨房设计上应突出空间的洁净明亮、实用方便、通风良好、光照充足、符合人体工程学的要求，同时，设计风格还需要与住宅的整体风格相协调，厨房与餐厅、起居室邻近为佳（见图 9-19、图 9-20）。

图9-19　厨房设计(1)

图9-20　厨房设计(2)

9.2　餐饮建筑室内设计

饮食是人类生存需要解决的首要问题。但在社会多元化渗透的今天，饮食的内容也发生了很大的变化，人们对于就餐内容和环境的选择，体现着人们的享受、体验、交流。因此，更应该创造出符合人们的生活方式和饮食习惯的餐饮室内空间和相应的环境氛围，来满足人们的舒适、高效、隆重、浪漫等不同的需求，同时，营造出与人们的观念变化相一致的室内就餐环境，是室内设计把握时代脉搏、餐饮业营销成功的根基。

9.2.1　餐饮空间的分类

餐饮空间所涉及的经营内容非常广泛，不同的民族、地区，不同的文化，由于饮食习惯各不相同，其餐饮空间的经营内容也各不相同。从目前众多的经营内容中，可以将餐饮空间归纳出以下几种类型：中式餐厅、西式餐厅、宴会厅、快餐厅、风味餐厅、酒吧与咖啡厅、茶室。

9.2.2　各类餐饮空间的设计要点

1．中式餐厅

在我国，中式餐厅在餐饮行业中占有重要的位置，以品尝中国菜谱，领略中华文化和民俗为目的。中式餐厅在室内空间设计中通常用传统的形式符号进行装饰，如运用传统建筑设计中的斗拱、藻井、挂落、屏风、书画、宫灯以及传统装饰纹样等手法组织空间或界面，以营造一种古色古香、典雅沉稳的中式氛围。中式餐厅的装饰虽然可以借鉴传统的符号，但要在传统的基础上，寻求符号的现代化、时尚化，符合当今时代的潮流趋势及人们的审美情趣。

中式餐厅的平面布局可分为园林室和宫廷式两种。园林式布局采用园林自由组合的方式，将室内各部分结合园林的漏窗与隔扇，划分出主要的就餐区和次要的就餐区，也可以通过地面、顶棚的局部设计来划分就餐区域的主次。这种园林式的布局方式给人以流畅、简洁、清新的感觉；宫廷式布局则采用严谨的左右对称方式，中轴线式的布局方式，隆重大气，适合举行各种大型的晚宴、喜庆宴席等，在室内环境的设计上，也要体现华丽、繁复的装饰风格，营造出高贵、隆重的氛围。

中式餐厅的设计，离不开桌、椅、条案、柜子这些基本元素。下面具体介绍这些物品在中式餐厅中的位置及作用。

桌：中式餐厅中的桌子一般呈方形或长方形，以体现用餐人之间的尊卑等级关系。依据大、中、小三种规格，分别称为"八仙""六仙""四仙"，"仙"指人数，取其吉祥之意。将餐桌摆放在餐厅的中心位置，方正的造型显得与四周环境相融合，亦有取意"正中人和"的说法。

椅：现在我们所见的中式椅子的形式，多为明清时代流传下来的款式，样式繁多，风格呈现简约与华丽两派。餐厅因起身坐下动作频繁，因此"靠背椅"是适用的款式。单一靠背或呈梳背，雕刻精致、古朴典雅，适当的弧度符合现代人体工程学。省略两旁扶手，更便于活动。

条案：形状窄而长，体积不大，适合靠墙而立。无论是"平头案"还是"翘头案"，在餐厅内依墙放置，摆上鲜花、盆景、精致的艺术品等。

[案例9-1] 北京大董烤鸭店——南新仓店（见图9-21至图9-27)

设计师：何永海

位置：中国北京

烤鸭是中华饮食文化的精髓，无论我们从哪个角度切入主题，都不能离开其深厚的文化和历史定位。设计师以中国传统装饰风格对大董烤鸭店进行诠释，在这里显得尤为绝妙。通透开阔的中式屏风隔断墙，大气磅礴，梅、兰、竹、菊四君子跃然纸上，大红灯笼照明灯和印章篆刻镂雕造型更增添了其独有的"中国气质"，亭台楼阁、水榭楼兰、飞天壁画、中式对联和盛开的牡丹，使你仿佛步入了久违的人间诗画。瑰丽奇绝与雅致唯美在这里任意流淌，拉开了一幅别开生面的动人画卷，从而使你的味觉和视觉将在这里得到最完美的享受和融和。

图9-21　北京大董烤鸭店——南新仓店(1)

图9-22　北京大董烤鸭店——南新仓店(2)

图9-23　北京大董烤鸭店——南新仓店(3)

图9-24　北京大董烤鸭店——南新仓店(4)

图9-25　北京大董烤鸭店——南新仓店(5)

图9-26　北京大董烤鸭店——南新仓店(6)

图9-27　北京大董烤鸭店——南新仓店(7)

2. 西餐厅

　　通常来说，西餐厅泛指以品尝国外的特色饮食，体会异国餐饮情调为目的的餐厅，其装饰风格也与本国的民族习俗一致，充分体现西方人的生活方式和饮食习惯。

　　与西方现代室内设计多样化的风格相呼应，西餐厅室内环境的营造方式也多种多样，大致有以下几种。

(1) 欧洲古典气氛的风格营造。

这种手法注重古典气氛的营造，通常运用一些欧洲建筑的典型元素，比如罗马柱、拱券、扶壁、铁艺栏杆、工艺品等来构成室内的欧洲古典风情。同时，还应结合现代空间构成手段，从灯光、音响等方面来加以补充和润色。

(2) 富有乡村气息的风格营造。

这是一种田园诗般的恬静、温柔、富有乡村气息的装饰风格。这种设计手法较多地保留了原始、自然的元素，使室内空间凸显出一种自然、浪漫的气氛，质朴而富有生气。

(3) 前卫的设计风格营造。

这种室内风格的主要受众是青年消费群，运用前卫而充满现代气息的设计手法，迎合青年人的审美取向，设计元素多样而富于变化，轻快且具有时尚感，色彩靓丽、大胆，空间构成一目了然，运用各种灯光构成室内温馨时尚的氛围。

[案例9-2] 花朵装饰的"空谷餐厅"

这家餐厅原名为 Hollow Restaurant，名如其形——正中央一个双层的空心空间，名为"空谷餐厅"(Hollow Restaurant)，由 Sergei Makhno 与 Vasiliy Butenko 共同设计。他们将优质的服务与清新、有趣的室内空间结合起来，成就一个饶有情趣的用餐空间。

天然色彩与纹理彰显出空间的特色，为客人营造一种放松的氛围。而细节的处理也让人不得不赞叹设计师的心思之巧妙，一簇簇的花朵形装饰贯穿于餐厅的上下两层，成为独特的亮点所在。木材的材质又给人传达出一种温暖、热情的信号，富有创造力的设计与自然灵感相互碰撞，便擦出这样令人惊喜的火花。本案例相关图片如图9-28至图9-31所示。

图9-28　空谷餐厅(1)

图9-29　空谷餐厅(2)　　　　　　　　　图9-30　空谷餐厅(3)

图9-31　空谷餐厅(4)

3. 宴会厅

宴会是在普通用餐的基础上发展起来的高级用餐形式，也是国际交往中常见的活动之一。宴会厅的使用功能主要是婚礼宴会、纪念宴会、团聚宴会、节庆晚会乃至商务宴会、国宴等。宴会厅的室内设计应体现出庄重、高贵、热烈、华丽的气氛。

　　为了适应不同的使用需求，宴会厅常设计成可分隔的空间，需要时可利用活动隔断隔成几个小厅。入口处为接待处，厅内可设固定或活动的舞台。宴会厅净高为：大宴会厅5m以上，小宴会厅2.7～3.5m。宴会前厅或宴会门厅，是宴会前的活动场所，此处一般设有衣帽间、电话、休息椅、化妆间等。宴会厅内的布置以圆桌、方桌为主，椅子宜选用易于叠落收藏的类型，便于收纳 (见图9-32)。

图9-32　宴会厅设计

4．咖啡厅、茶室

　　咖啡厅源于西方饮食文化，是提供咖啡、茶水、饮料，半公开的交际活动场所。因此在室内设计的形式上更多地追求欧化风格，充分体现出古典、醇厚的性格。现代很多咖啡厅通过简洁的装修、淡雅的色彩、异域风情的各类装饰摆设等，增强了咖啡厅内的轻松、舒适感以及怀旧感，为人们的生活和休闲时光增添了更多的情趣 (见图9-33)。

图9-33　咖啡厅设计

近些年，茶室、茶馆逐渐成为人们休闲会友的场所，茶室的装饰布置以突出古朴的格调、宁静淡雅的氛围为主，通常以中式与和式风格的装饰布置为主（见图9-34）。

图9-34　中式茶室设计

[案例 9-3] 码头特色咖啡厅

原名称：Loveat Jaffa

设计单位：Studio Ronen Levin 和 Eran Chehanowitz

位置：以色列特拉维夫

面积：70平米

这间咖啡厅里的特色装饰物有麻布袋、木板、金属网等，正面是三扇玻璃百叶窗，在这里的顾客能轻松地欣赏到周围的景色。设计师将整个空间分隔成多个大小不一的房间，再加上木板和麻袋等的装饰，营造出旧时码头的场景。厨房在一个金属的货物集装箱里，卫生间则在一个木板组成的房间里。楼梯是由带菱形图案的厚钢板制成的，通向上层空间，楼上墙壁是由木板装饰的，阳台上有金属网结构，沙发则是海军蓝色的粗斜纹布包裹。桌椅都是由木屑压合板或灰色钢铁制成，还有一部分黄色的铝制高脚凳。该咖啡厅曾经是飞机库兼船厂，位于飞机库的一角，内部将近三分之二的区域做了筹备区，例如有厨房、洗碗室、储藏间、更衣室等。整个咖啡厅及内部家具的设计都是受仓库和叉车的造型影响形成的，从整体设计到材料和色彩的选用都体现了该场地的历史和特色。本案例相关图片如图 9-35 至图 9-39 所示。

图9-35　码头特色咖啡厅(一层)(1)

图9-36　码头特色咖啡厅(一层)(2)

图9-37　码头特色咖啡厅(一层)(3)

图9-38　码头特色咖啡厅(二层)

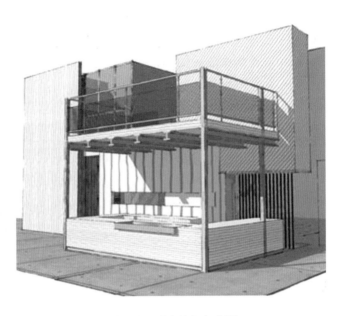

图9-39　码头特色咖啡厅

5．快餐厅、自助餐厅

　　快餐厅起源于20世纪20年代的美国，快餐厅适应了现代生活的快节奏，在现代社会中获得了飞速的发展，麦当劳、肯德基是最为成功的例子。快餐厅的规模一般不大，菜肴品种简单，多为大众化的菜品，对于室内环境的设计主要以简洁明快、轻松活泼为宜。快餐厅的灯光一般选用荧光灯，明亮的光线会加快顾客的用餐速度；快餐厅的色彩应该鲜艳亮丽，诱人食欲。其整体设计布局的好坏，直接影响快餐厅的服务效率，应注意区分动区和静区，在顾客自助式服务区避免出现通行不畅、相互碰撞的现象（见图9-40、图9-41）。

图9-40　麦当劳的室内设计(1)

图9-41 麦当劳的室内设计(2)

　　自助餐厅的形式灵活、自由、随意，一般设有自助服务台、陈列台等，设计时应考虑到人的行动条件和行为规律，便于操作。自助餐厅的通道要比其他类型的餐厅通道宽一些，便于人流的及时疏散，以加快食物流通和就餐速度。在布局上，尽量采用开敞式和半开敞式的就餐方式，特别是自助餐厅因食品多为半成品加工，加工区可以向客席开，增加就餐气氛。

6．酒吧

酒吧是人们进行交流、沟通的重要社交场所，在空间处理上宜把大空间分成多个尺度较小的空间，以适应不同层次的需要，如图9-42所示。

图9-42　酒吧的室内设计(1)

酒吧在功能区域上主要有坐席区、吧台区、舞台、音响、厨房等几个部分，吧台往往是酒吧空间中的视觉中心，设计上应予以重点考虑，台面的材料需光滑易于清洁，如图9-43、图9-44所示。

酒吧的装饰应突出浪漫、温馨的休闲氛围和感性空间的特征。因此，设计要大胆、新颖、富于变化，空间处理上应轻松、随意，可以利用弧面、异形、流线型等造型手法，通常几年便需要更换新的装饰手法，以保持持久的吸引力，如图9-45所示。

图9-43　酒吧的室内设计(2)

图9-44　易于清洁的吧台设计

图9-45　新颖的酒吧设计

本 章 小 结

　　室内环境设计的服务对象是人。因此在生活和生产相关的领域中，室内设计与人的听、视、闻、呼吸、触摸等人体工程密切相关。作为一门综合性学科和专业，它涉及多门学科的领域。所以必须熟悉不同类型的室内设计特点，通过本课程的学习，学生系统地掌握一般的室内设计方法，从整体需要出发，把握各种要素，综合处理空间和环境设计，提高自身的专业素养。

思考练习题

1．住宅室内设计的组成有哪些?
2．住宅室内设计的设计要点、原则是什么?
3．各类餐饮空间的组成、要点和原则是什么?
4．酒吧的设计原则是什么?

实训课堂

实训课题：设计一个酒吧空间效果图。

(1) 内容：分析不同的酒吧空间，设计一张具有现代风格的效果图，并附 150 字以上的设计说明。

(2) 要求：A4 纸、手绘稿和电脑制图各一张，突出酒吧空间的功能特点、界面装饰材料、家具配置、色彩、灯光等方面的内容。

第10章

办公区与博物馆的室内空间类型分析

* 本章介绍了办公建筑、剧院、博物馆等室内空间的设计，并对这些特殊室内空间的设计原则进行了简要概括。
* 通过本章的学习，了解办公建筑、剧院、博物馆等室内设计的设计要点及原则。

核心概念

办公空间　餐饮室内设计

本章导读

室内空间的多种类型，是基于人们丰富多彩的物质和精神生活的需要。日益发展的科技水平和人们不断求新的开拓意识，必然还会孕育出更多样的室内空间，本章主要介绍几种常见的室内空间类型。

10.1　办公空间室内设计

办公室内空间是提供给从业员工工作的场所，办公室的布局既要符合功能性，又要美观大方。合理、舒适的办公环境，对提高工作效率有着重要且直接的作用。它同时也是企事业单位的实力、形象、办公性质的体现，寻求合乎人性化的办公室内空间，成为设计师一个不可忽视的研究课题。

10.1.1　办公室内环境的功能分类和设计原则

1. 办公空间的功能分类

办公空间各类房间按其功能性质可以分为以下几种。

(1) 办公用房：公司员工进行日常办公的空间。绘图室、主管室或经理室也可属于具有专业或专业性质的办公用房。

(2) 公共用房：内外人际交往或内部人员会聚、展示等用房，如会客室、接待室、各类会议室、阅览室、展示厅、多功能厅等。

(3) 服务用房：提供资料、信息收集、编制、交流、贮存等用房，如资料室、档案室、文印室、电脑室等。

(4) 附属设施用房：向工作人员提供生活及环境设施服务的用房，如开水间、卫生间、配电室、空调机房、锅炉房、员工休息室等。

2. 办公室内空间的设计原则

办公室的主要功能是工作、办公,一个经过整合的人性化的办公室,离不开办公家具、环境、技术、信息和人性化、自动化等方面,通过对这六方面要素进行合理化、系统化的整合,才能塑造出一个很好的办公空间。由此可以看出,办公室内空间的总体设计原则是:突出现代、高效、简洁与人文化的特点,体现办公自动化,并使办公环境统一、整体。

[案例 10-1] 善水堂办公空间室内设计

设计师 / 设计公司:善水堂设计 (苏州善水堂创意设计有限公司)

作品类别:办公空间

项目名称:善水堂 Office

该案例是善水堂为自己的公司所设计的办公空间,旨在错落绿叶树影与山石水墨,返璞归真,尽显人文自然 (见图 10-1 至图 10-4)。在设计的过程中将"水"的元素体现出来,但并不是直接使用水元素,而是通过一些视觉形象将水的实体抽离出来,如入口的水纹木刻、地面的枯山水、斑驳墙面上的不锈钢鱼等,通过这些片段的视觉方式呈现出水的形态,凝固在空间里,挥洒出水的意象。

以此,便可读出善水堂的设计理念和服务旨意:以最纯粹和本质的手法,构筑经典,赋予空间诗情画意,如山如水,取意于天地,回归于自然。

图10-1 善水堂Office的室内空间(1)　　　　图10-2 善水堂Office的室内空间(2)

图10-3　善水堂Office的室内空间(3)

图10-4　善水堂Office的室内空间(4)

10.1.2　办公空间室内各部分环境设计

1. 前台接待区

现代办公空间在入口处一般需设置前台接待区域。这个区域是进入企业办公空间的第一个区域，因此是展示企业形象最重要的空间之一，通常需要设置企业形象墙，根据行业需要，也可设置平面展示或企业产品展示等，它不仅能体现企业的性质和文化，而且可以给来访者营造一个鲜明的第一印象，如图 10-5、图 10-6 所示。

图10-5　谷歌伦敦办公室

图10-6　谷歌莫斯科办公室

2. 开放式办公空间

开放式办公空间，也称为开敞式办公区。相对于传统封闭式的小单间办公室而言，开放式办公空间更有利于办公人员之间的联系、沟通，能加快联系的速度，提高办公效率。在设计上，一般以屏风和办公家具进行分隔，应尽可能凸显方便、舒适、明快、简洁等特点，体现了沟通与私密交融、高效与多层次相结合的现代办公环境理念，如图 10-7、图 10-8 所示。

图10-7 开放式的绿色办公空间

图10-8 开放式的办公空间

3. 会议空间

会议室是办公空间的重要组成部分，它兼具接待、洽谈、交流和会务的用途。一般而言，会议室的空间设计，布局应有主位、次位之分，常采用企业形象墙或重点装饰来体现座次的摆列。会议空间的整体构想要突出企业的形象、文化和精神理念，以追求亲切、明快、自然、和谐的心理感受为重点，如图10-9所示。

4. 经理办公空间

经理办公空间是经理处理日常事务、会见下属、接待来宾和交流的场所，应布置在相对私密、少受干扰的尽端位置。室内陈设一般为专用经理办公桌、配套座椅、书柜、资料柜、接待椅、沙发等，整体设计应体现风度品味以及经营者的个人修养，突出简洁高雅、明快庄重、高档精致的特点，以创造出一个既有个性又具内蕴的办公场所。

　　总之，不同的办公区域应该遵循不同的设计原则，接下来的案例会体现出不同的企业文化和办公区域的不同设计风格。

图10-9　会议室空间

[案例10-2] 优酷创意办公空间设计 (见图 10-10 至图 10-12)

原名称：Striking YouTube Offices Designed With a Film-Set Look and Feel
设计师：Lucy Goddard
位置：英国伦敦

图10-10　优酷办公空间(1)

整体装饰得就像是舞台的后台或者电影拍摄现场，细节处非常精致。办公室走道两边的屏幕上播放特定的内容，形成优酷星光大道。办公室里还有一个影院，还有装饰得像采访间那样的房间。每个独立空间都有其特点，被装点成与电影、视频等有关的区域，强化了公司的经营主题。

 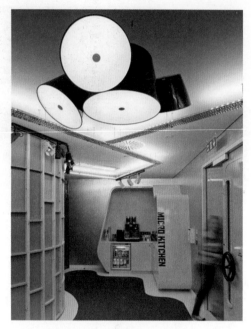

图10-11　优酷办公空间(2)　　　　　　图10-12　优酷办公空间(3)

[案例 10-3]　腾讯科技办公空间设计

该案例是腾讯科技的办公空间设计，设计公司是北京艾迪尔建筑装饰工程有限公司，从整体上看，该室内设计案例具有明显的高科技企业的设计风格，不管是在流线型的设计还是灯光设计方面都能体现这一点，清新活泼的色彩也成为该案例比较突出的特色，如图 10-13 至图 10-16 所示。

图10-13　腾讯科技办公空间(1)

图10-14　腾讯科技办公空间(2)

图10-15　腾讯科技办公空间(3)

图10-16　腾讯科技办公空间(4)

[案例 10-4] 荷兰西门子办公空间设计

如图 10-17 至图 10-20 所示，这是由 William McDonough 和 Partners 与 D/ DOCK 为博世西门子家电设计的荷兰新办公楼。四层楼高的中庭与室内和户外生活的绿色植物墙以及光伏建筑一体化 (BIPV) 的屋顶，最大限度地提高能源和每天照明。在一个温馨的地方，散发出一种平静的感觉，有着最佳照明、触觉材料、柔和的色彩和灵活的设计元素。

图10-17　荷兰的西门子办公大楼(1)

图10-18　荷兰的西门子办公大楼(2)

图10-19　荷兰的西门子办公大楼(3)

图10-20　荷兰的西门子办公大楼(4)

10.2　博物馆室内设计

　　博物馆是用于典藏、陈列代表自然和人类文化遗产实物的场所，并对那些具有科学性、历史性或者艺术价值的物品进行分类陈列和典藏。这要求博物馆的陈列、典藏和陈列不仅要符合科学的、历史的、具有艺术价值的功能，还要符合人们的观赏习惯，让进入博物馆参观的人们，能感受到一部生化的发展史，俯瞰历史的风风雨雨。

[案例 10-5] 德国 Vitra 设计博物馆

　　该案例是德国 Vitra 设计博物馆，成立于 1989 年，与传统意义的博物馆不同，该博物馆明亮鲜艳的色彩、现代气息的装潢，完全颠覆了世人对博物馆的认识 (见图 10-21 至图 10-25)。该博物馆是全世界最重要的设计博物馆之一。作为一个独立的机构，它精美地展示了工业家具设计的历史和潮流。目前 Vitra 设计博物馆已经收集了 1800 年至今世界上最多的大师级经典家具，同时它也是世界上收藏椅子最为知名的博物馆，其举办的座椅微小复制模型展因其高质量、精确的复制比例而获得了良好的国际声誉。Vitra 设计博物馆本身的建筑是由建筑大师弗兰克·盖里设计完成，外形的奇特诡异使其成为当地的一大景观。由于展示的是家具，故而该博物馆的室内设计还有温馨的元素在里边。

图10-21 德国Vitra设计博物馆(1)

图10-22 德国Vitra设计博物馆(2)

图10-23 德国Vitra设计博物馆(3)

图10-24　德国Vitra设计博物馆(4)

图10-25　德国Vitra设计博物馆(5)

10.2.1　博物馆概述

1974 年，在哥本哈根举行的第十一届国际博物馆协会上通过的《国际博物馆协会会章》的章程中指出，博物馆的定义是，一个不追求营利的，为社会和社会发展服务的向公众开放的永久性机构。它以研究、教育和欣赏为目的，对人类和人类环境的物质见证进行搜集、保护、研究、传播和展览。1971 年，日本《博物馆法》中对博物馆的定义是："本法中的博物馆是指收集、保管（包括培育）、陈列展出有关历史、艺术、民俗、产业、自然科学等资料，从教育的角度出发供一般市民公众利用，为有助于提高其文化素养，供其调查研究，休息娱乐等而举办的必要事业，并对此资料进行调查研究为目的的机构。"

[案例 10-6] 卢浮宫博物馆

卢浮宫（也译作"卢佛尔宫"或"罗浮宫"）博物馆是目前最古老、最大的博物馆之一，位于法国巴黎市中心的塞纳河北岸，始建于 1204 年，历经 800 多年扩建、重修达到今天的规模（见图 10-26、图 10-27）。卢浮宫占地面积（含草坪）约为 45 公顷，建筑物占地面积为 4.8 公顷，全长 680 米。它的整体建筑呈"U"形，分为新、老两部分，老的建于路易十四时期，新的建于拿破仑时代。

王宫最初始建于 12 世纪初，从 15—18 世纪历经 4 次改建和扩建。中院的东立面是古典主义风格，最为人们推崇。法国总统密特朗请美国华裔建筑师贝聿铭设计金字塔形透明屋顶。藏品中有被誉为世界三宝的《维纳斯》雕像、《蒙娜丽莎》油画和《胜利女神》石雕像，更有大量希腊、罗马、埃及及东方的古董，还有法国、意大利的远古遗物。陈列面积 5.5 万平方米，藏品 2.5 万件。

图10-26　卢浮宫——世界上最古老、最大、最著名的博物馆之一(1)

图10-27　卢浮宫——世界上最古老、最大、最著名的博物馆之一(2)

2004 年 8 月在我国广东举办的"中英博物馆管理论坛"中，国内外专家对博物馆的新定义进行了探讨，并确认了中国博物馆界目前正在努力的方向："博物馆可以是视觉的亲密接触与飨宴，可以是一间令人赞叹又趣味横生的奇趣屋。"博物馆的展示设计从灰暗到趣味、从漠然到亲切，互动将是中国博物馆设计的现代革命。

博物馆的"博"有"广泛收集"的意思；而"物"可以是典藏也可以是展览作品，在此，我们理解为"博物馆的藏品信息"。"馆"则是指具有典藏、展览、保存的空间类型。博物馆实际上是一个广泛收集某种同一类型的资源，并将其在与之相适应的特定空间内传达给公众的场所。

博物馆是文物和标本的主要收藏机构，是进行市民宣传教育和科学研究的机构。在我国，博物馆分为历史类博物馆、艺术类博物馆、科技类博物馆、综合类博物馆四种。随着人们生活水平的提高，对精神文化的追求也日益提高，作为文化建设的重要课题，博物馆的建设受到了很大的推动，博物馆的室内设计也成为设计界备受关注的课题。如今，博物馆已经不再是单纯的展览场所，还充当着传播文化的载体的角色。

博物馆是集历史文化、哲学、创意、空间艺术和美工技巧为一体的空间，它的室内设计应该有自己独特的艺术语言，应该营造出与博物馆主题一致的氛围，让每一位进来参观的游客都能感受到人类历史文化的光辉遗产。

[案例 10-7] 大英博物馆

大英博物馆 (见图 10-28) 是世界上规模最大、最著名的博物馆之一，它和纽约的大都会艺术博物馆、巴黎的卢浮宫同列为世界三大博物馆。博物馆成立于 1753 年，在 1759 年 1 月 15 日起正式对公众开放。博物馆最初的展品属于汉斯·斯隆 (Hans Sloane) 爵士，他是当时的一位著名收藏家，1753 年他去世后遗留下来的个人藏品达 79 575 件，还有大批植物标本及书籍、手稿。根据他的遗嘱，所有藏品都捐赠给国家。这些藏品最后被交给了英国国会，在通过公众募款筹集建筑博物馆的资金后，大英博物馆最终成立并对公众开放。其阅览室如图 10-29 所示。

图10-28　英国伦敦大英博物馆

图10-29 英国伦敦大英博物馆阅览室

任何时代的设计都带有明显的社会时代特征。20 世纪以来,博物馆的增多就是现代人创造具有高文化价值的人类生活环境的一种体现。虽然博物馆的性质不同、类别不同,但总的归结起来就是一个能够让人拓宽视野、增长知识、了解历史的一个公共场所。因此,如何搞好博物馆的室内设计工作,是体现博物馆生命力和存在价值的根本体现。

[案例 10-8] 纽约大都会艺术博物馆

纽约大都会艺术博物馆又称“纽约城博物馆”“都城艺术博物馆”,是美国最大的博物馆(见图 10-30、图 10-31)。初建于 1872 年,后又多次扩建。主体为哥特式建筑,其规模可与法国卢浮宫博物馆和英国大英博物馆相比。全馆分占三层楼,设 234 间陈列室。收藏近 5000 年来各种文物,主要有埃及艺术、希腊罗马艺术、东方艺术、西欧艺术、伊斯兰艺术、美国艺术等部门,还附设有少年美术馆。

图10-30 美国纽约大都会博物馆(1)

图10-31　美国纽约大都会博物馆(2)

10.2.2　博物馆室内环境设计的特点

　　随着我国精神文明建设的发展，我国目前已经兴建了很多各式各样的博物馆。纵观我国博物馆室内设计的发展，如今，我国博物馆的发展有了长足的进步，具有以下几个特点。

　　第一，主题与形式呈现出统一的趋势。在选择主题的表达方式上相统一，是如今我国的博物馆室内设计发展最显著的特点。例如在历史博物馆中，针对历史文物与现存的资料，设计师会以依次陈列、重现历史场景、图文并茂来重新解读历史。在灯光的设计中，也大多使用昏暗的具有时代感的黄色灯光来增加氛围，一来可以保护文物不被强光破坏，二来可以增加文物的历史感。随着时代的发展，很多新型博物馆开始在博物馆界发挥很大的作用，高科技的发展不应该成为博物馆发展的桎梏，而是应该为博物馆室内设计的发展增添色彩，如现在很多新型博物馆，很多设计师只注重形式而忘记博物馆的主题，使主题与形式不搭。

[案例 10-9] 故宫博物院武英殿新展馆

　　故宫博物院的武英殿曾经是清宫修书、勘刻的场所，现在主要展示故宫博物院绘画、典籍等藏品。

　　该展厅的设计力求以新的视角理解文物、诠释故宫，为观众讲述清宫"天禄琳琅"的故事。该殿前后面阔五间、进深三间。根据古建筑的原有格局，将展柜沿四周墙体排列，使观众有足够的空间进行观赏和品鉴。

　　展厅的颜色以暗红色为主，具有现代感，沉稳、凝重 (见图 10-32、图 10-33)。柜内的壁纸和衬布均为米黄色，与展出的书籍、绘画相搭配，非常和谐。

图10-32　武英殿后殿展厅

图10-33　清帝读书场景复原

　　第二，博物馆的室内设计呈现出参观路线与空间序列合理布局的特点。在现代博物馆的室内设计中，设计师将"以人为本"的思想贯彻到设计中，摒弃了迂回的路线，为了参观者更好地参观，采用了更加流畅清晰的设计，使人们在参观的过程中不仅能够合理地安排参观路线，还能使室内空间有效地利用。

　　第三，展示媒介日趋科技化。随着科学技术的发展，博物馆的展示方式日新月异，除了声、光、电等常见的设备之外，开始有一些高新科技的应用进入博物馆的室内设计中。控制声音、照明、视频播放时间等都是现代博物馆应用的案例。比如，电脑按照展示设计要求和参观场地的先后顺序，控制相应的声音、照明及视频播放，并造成声音的强弱变化、照明的渐变等效果。

[案例 10-10]　日本科学未来馆

　　日本科学未来馆 (见图 10-34 至图 10-36) 是一个与大家共同分享 21 世纪"新知"，面向所有人开放的科学博物馆。位于东京著名观光胜地"台场"地区，于 2001 年 7 月 10 日开馆，隶属于日本科学技术振兴事业团，为地上 8 层地下 2 层的建筑物，总面积达 8881 平方米。其宗旨是通过各领域的尖端科技这一人类知性活动，使科技成为丰富我们生活的文化，并为社会全体成员所共享。每个展厅都有科学交流员以及志愿者进行现场讲解，并与观众进行多种互动实验，使参观者在亲身体验尖端科技的同时，思考科技的意义并展望科技的未来。

图10-34　日本科学未来馆的球形电子显示屏

图10-35　日本科学未来馆，本田公司开的机器人ASIMO

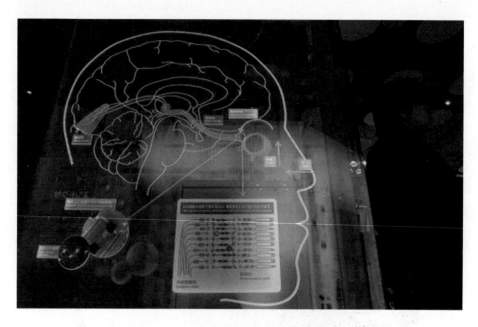

图10-36 日本科学未来馆关于人体的展品

第四，空间氛围更加趋向大众的审美。博物馆的性质是为公众开放的公益性空间，因此在进行室内设计的过程中，应该明确受众并不是小众人群，而是具有社会性的普通大众。这也是我国现代博物馆室内设计的突出特点之一。

[案例 10-11] 比利时埃尔热博物馆

2005 年设计，2009 年对外开放的比利时埃尔热博物馆 (Herge Museum) 是法国建筑师波特赞姆巴克 (Christian de Portzamparc) 的新作 (见图 10-37、图 10-38)。博物馆致力于收藏比利时漫画家埃尔热的作品，展现他的生活和工作，这座外形近似蝴蝶的建筑在四周树林的映衬下，显得分外清新。入口处的设计，象征着一本翻开的漫画书，一页是漫画书中丁丁遥望天空的图片，另一页则是画家的签名。生动易懂的形式语言让人们感到亲切。室内，巨大的玻璃窗提供了良好的自然光，令整个展区明朗活泼。作者用室内空间中非规则形体的相互穿插，不同色彩的相互掩映来表现埃尔热不同绘画风格，将漫画的精神赋予空间，使观众仿佛步入艺术家的内心世界。

图10-37 比利时埃尔热博物馆(1)

图10-38　比利时埃尔热博物馆(2)

本 章 小 结

本章介绍了办公建筑和博物馆等室内空间的设计特点及原则，通过本章的学习，应掌握办公建筑及博物馆室内环境各部分功能认识及设计方法。

思考练习题

1. 办公室内空间的分类和设计原则是什么?
2. 博物馆室内环境设计具有什么特点?

实训课堂

实训课题：设计一个办公空间效果图。

(1) 内容：分析不同的办公空间，如开放式办公区、经理办公室、会议室等，任选一种设计一张效果图，并附 150 字以上的设计说明。

(2) 要求：A4 纸、手绘稿和电脑制图各一张，突出办公空间的功能特点、界面装饰材料、家具配置、色彩、灯光等方面的内容。